WENN HÖFLICHKEIT REINHAUT

Peter Modler

# WENN HÖFLICHKEIT REINHAUT

## Moderation als Kampfkunst

Campus Verlag
Frankfurt/New York

MIX
Papier aus verantwortungsvollen Quellen
FSC® C089473

Klimaneutral
Papier
ClimatePartner.com/13732-1910-1001

ISBN 978-3-593-51556-4 Print
ISBN 978-3-593-45036-0 E-Book (PDF)
ISBN 978-3-593-45037-7 E-Book (EPUB)


Umschlaggestaltung: *zeichenpool, München
Umschlagmotiv: *zeichenpool, München
Redaktion: Christina Seitz
Satz: DeinSatz Marburg UG | lf
Gesetzt aus der Minion Pro und der DIN Next LT Pro
Druck und Bindung: Beltz Grafische Betriebe GmbH, Bad Langensalza
Beltz Grafische Betriebe ist ein klimaneutrales Unternehmen
(ID 15985-2104-1001).
Printed in Germany

www.campus.de

# Inhalt

# Einleitung

Manchmal braucht man einen extremen Anstoß, damit der Groschen fällt. Ich bin da keine Ausnahme. Wenn ich hier etwas wahrnehme und dort etwas mitbekomme, verknüpfe ich es deswegen noch lange nicht. Ein verborgenes Muster, eine untergründige Gemeinsamkeit unter der Oberfläche einzelner Erlebnisse entgeht mir, weil mir der Zusammenhang nicht in den Blick gerät. Überall Bäume, aber ich schaffe es mühelos, den Wald zu übersehen. Bis mich dann etwas zwingt, einen Schritt zurückzutreten, vielleicht vor Schreck, und damit entsteht auf einmal und nicht ganz freiwillig ein größeres Bild.

In meinem Fall war der Auslöser ein politischer Skandal von eher begrenzter Bedeutung. Aber er hat mir die Augen geöffnet. Seither drängen sich mir immer mehr Symptome auf, die dann schon gar nichts mehr mit dem ursprünglichen Anlass zu tun haben, um den es seinerzeit ging. Und am Ende ist ein ganzes Buch entstanden. Über Moderation! Ein alles andere als harmloses Thema.

Der Regierungspräsident Walter Lübcke hatte sich für die Aufnahme von Flüchtlingen eingesetzt. Dafür war er am 1. Juni 2019 auf der Terrasse vor seinem Wohnhaus von einem Neonazi erschossen worden. Ganz Deutschland war in Aufruhr. Überall wurde getrauert. Auch im bayerischen Landtag fand ein Totengedenken statt. Die Landtagspräsidentin sprach über den Mord und seine Bedeutung für die deutsche Gesellschaft. Während dieses Totengedenkens hatten sich alle Landtagsabgeordneten von ihren Plätzen erhoben, um dem Ermordeten eine letzte Ehre zu erweisen – *fast* alle. Ein Abgeordneter der AfD in der ersten Sitzreihe des Parlaments nämlich nicht.

Der war sitzengeblieben, als ob nichts Besonderes geschehen wäre. Es war ein Affront sondergleichen. Während die Präsidentin über das Leben des Mordopfers sprach, blätterte der AfD-Vertreter ungerührt in irgendwelchen Unterlagen und demonstrierte eine büromäßige Geschäftigkeit, die in Wirklichkeit eine Ohrfeige darstellte. Als das Totengedenken für den Ermordeten zu Ende war, stand er dann auch auf. Deutlicher konnte man es nicht machen.

Was mich am meisten aufbrachte, war aber gar nicht er. Es war die Landtagspräsidentin, die es fertigbrachte, sein Verhalten komplett auszublenden. Sie las von ihrem Manuskript einen Gedenktext ab und sah geflissentlich über den Herrn hinweg. Später behauptete sie, ihn gar nicht wahrgenommen zu haben, was für jeden Betrachter der Szene grotesk unglaubwürdig war: Der Parlamentarier saß in der ersten Reihe des Landtags, zwischen ihr und ihm war völlig freie Sicht. Es war schon eine sehr spezifische Blindheit, derer sie sich da befleißigte.

In der Pressekonferenz danach verteidigte sie sich damit, dass für sie so ein Verhalten völlig unvorstellbar gewesen sei und sie darum auch nicht damit gerechnet habe. Was sie damit eigentlich sagte: dass sie sich gegenüber diesem Agent Provocateur einfach hilflos gefühlt hatte. Von da bis zur demokratischen Feigheit ist es ein kleiner Schritt. Natürlich hätte auch jede und jeder andere im Parlament diesen Vorfall thematisieren können, nur war die Hemmung offenbar zu groß, das Verfahren an sich zu stören. Wer allerdings nicht nur jedes Recht und die Macht, sondern auch die Pflicht dazu gehabt hätte, war die Landtagspräsidentin. Sie war es, die den Kommunikationsstandard in diesem Parlament sicherzustellen hatte, und wenn ihn jemand verletzte, offenbar auch noch absichtlich, dann hätte sie eingreifen müssen. *Gerade* sie. Wenn Höflichkeit reinhauen muss, dann in so einem Fall.

Menschen, die damit betraut worden sind, die Ordnung einer Kommunikation zu gewährleisten, haben eine unverzichtbare Aufgabe. Wenn sie es selbst zulassen, dass diese Funktion ausgehöhlt wird, sinkt vorhersehbar die Qualität jeden inhaltlichen Austauschs. Sie sind es, die am Ende den Ausschlag geben, ob die Kommunikation einer Gruppe produktiv wird oder vergeblich bleibt. Wenn Höflichkeit reinhauen muss, sind sie es, die das umsetzen, nicht aus eigener Eitelkeit, nicht aus Hemmungslosigkeit, sondern weil es ein Klima des Respekts nicht gratis gibt und sie genau dafür einstehen.

Das Beispiel einer Landtagspräsidentin, die mit ihrer Rolle als Moderatorin überfordert ist und nicht weiß, wie sie Extremisten entgegentritt, fällt aber nur darum besonders auf, weil es so öffentlich war. Das kann man sich bis heute in leicht zugänglichen Videos anschauen. So ein Vorfall ist zwar dramatisch, aber die wirkliche Bedeutung, das eigentlich Exemplarische, liegt nicht einmal dort, wo so etwas in einem von Kameras begleiteten öffentlichen Kontext auffällt.

Die Gelegenheiten, bei denen diese Funktionen jeden Tag den tiefsten Einfluss haben – auch im Unterlassen –, die Auftritte, bei denen sie enormes Gewicht bekommen für ganze Volkswirtschaften, finden eher nicht-öffentlich statt: in fruchtlosen Projektdiskussionen von Technikabteilungen, bei oberflächlichen Fallbesprechungen in Kliniken, auf chaotischen Gesellschafterversammlungen (aber auch in demotivierenden Schulstunden …).

Wir haben uns allerdings angewöhnt, diesen Funktionen Etiketten zu geben, die über ihre ausschlaggebende Bedeutung hinwegtäuschen. Wir nennen sie in der deutschen Sprache »Moderatorinnen« oder »Moderatoren«, den Akt selbst nennen wir »Moderation«. Allein mit dieser Benennung machen wir die Sache kleiner, als sie ist. Eine Besprechung (oder eine Parlamentssitzung) zu »moderieren«, bekommt im deutschsprachigen Kontext leicht etwas Valiumartiges. Viele haben dabei ein Vorverständnis, als sei »Moderation« etwas, das die Wogen so zu glätten habe, dass niemand laut – und damit unangenehm – würde. Sozusagen merkelig. Eine Moderatorin oder ein Moderator habe insofern, entsprechend der Wortherkunft vom Lateinischen »moderare«, mäßigend auf die Beteiligten einzuwirken, vorgeblich wegen der erwünschten Sachlichkeit. Demzufolge scheint gute Moderation so etwas wie das begütigende Verhalten von Eltern zu sein, die es fertigbringen, ihre kleinen Kinder möglichst geräuschlos zum Schlafen zu bringen. Ein völlig abwegiges Missverständnis dieser Rolle.

In anderen Sprachen benutzt man dafür immerhin das Wort »animateur«, womit man jemanden meinen könnte, die oder der ein Meeting beseelt; oder man redet vom »host«, was eigentlich so viel wie »Gastgeberin/Gastgeber« bedeutet, oder, schon anspruchsvoller, von »facilitator«, einer Art Geburtshilfe-Aufgabe. Auch »gatekeeper« würde passen, weil die Funktion, um die es dabei geht, ja tatsächlich die Weichen stellt und das Tor zur Produktivität öffnet (oder aus Blödheit zustellt). Jeder dieser Begriffe erfasst von der Rolle, um die es im Folgenden geht, aber immer nur einen Ausschnitt. Obwohl die Leute mit dieser Aufgabe tatsächlich im besten Fall Garanten für Erfolge darstellen. Im Versagensfall sind sie allerdings auch ausgewiesene Produktivitätskiller.

Eine zunehmende Zahl von Führungskräften verwendet dabei auch eine irreführende Begrifflichkeit. Es ist immer ein Anzeichen für mangelnde Kompetenz, wenn sie mit Konflikten nicht klarkommen. Und diejenigen, die das nicht können, suchen sich oft den bequemsten Ausweg: Sie nennen ihn inzwischen in vielen Fällen leider »Moderation«. Auch wenn der Begriff dann sinnentleert wird. Mitarbeiterin A fühlt sich gemobbt von Mitarbeiter B, dem Chef oder der Chefin ist die ganze Angelegenheit viel zu unangenehm und darum wird die kreative Idee umgesetzt, eine Moderatorin oder einen Moderator ins Haus zu holen, die oder der »den Konflikt moderiert«.

Mit diesem Verhalten ist dann hinreichend demonstriert, dass er oder sie als Chef oder Chefin keine Verantwortung übernimmt, ein bisschen feige ist und enorme fachliche Defizite hat, kurz: als Chef einfach eine Null ist. Nur hat dieser Sprachgebrauch mit dem Austausch in Gruppen nichts zu tun (und soll uns in diesem Buch auch nur am Rande beschäftigen), selbst wenn es diese Sorte fehlgeleiteter Wortwahl sogar geschafft hat, ein geradezu progressives Image zu bekommen – so als wäre bereits der Einsatz einer Moderatorin oder eines Moderators per se ein Indiz für Coolness und nicht-konfrontative Freundlichkeiten. Die Firma bezahlt sogar eine externe Moderation, toll, oder? Dabei ist es in viel zu vielen Fällen eher ein Indikator für abnehmende Managementfähigkeiten. Wenn wir im Folgenden von Moderation reden, soll es in erster Linie um die Produktivität einer Gruppe gehen, nicht um singuläre Konflikte zwischen Einzelnen.

Die Bedeutung dieser Aufgabe nimmt aktuell noch einmal mehr Fahrt auf, wenn Firmen versuchen, agiler zu werden. Man muss diesen Anspruch nicht ganz so hoch hängen wie seine Aktivisten (weil erfolgreiche Firmen ja schon immer wussten, dass sie je nach Lage fluide Strukturen brauchen). Aber dass der Bedarf an moderierenden Fähigkeiten gerade dann anwächst, wenn strukturelle Hierarchien abgebaut werden sollen, liegt auf der Hand.

Wir müssen die Begriffe von »Moderatorin« oder »Moderator« aus ihrer lahmenden Bräsigkeit herausholen. Das, was diese Funktionen inhaltlich tatsächlich leisten, kann nämlich in ihrer Bedeutung für Organisationen kaum überschätzt werden. Die meisten Menschen erleben in ihrer Arbeitsumgebung ja unendlich viele Meetings, Besprechungen, Sitzungen aller Art, die nur Zeit verschwenden. In vielen Organisationen gehören sie zum Langweiligsten und Ödesten, was man sich antun kann. Endloses Herumgerede über Nebenthemen, sprunghaftes Diskussionsverhalten, dauerndes Unterbrechen oder Unterbrochen-Werden, langatmige Monologe von immer denselben Leuten.

Allerdings gibt es auch Besprechungen, bei denen hinterher die meisten zufrieden sind, ja sogar beflügelt, wo ein echter Fortschritt erfolgt ist. Den Unterschied zwischen solchen und jenen Meetings machen in der Regel diese Gatekeeper aus. Ich bin seit Langem davon überzeugt, dass die wirksamste Maßnahme für eine enorme Produktivitätssteigerung in Forschung, Wirtschaft und allen Organisationen nicht die Investition in die oder jene Technologie wäre, sondern in die professionelle Ausbildung von Moderatorinnen und Moderatoren. Denn diese Leute entscheiden am Ende über die Leistungsfähigkeit von Organisationen. Sie können deckungsgleich mit offiziellen Führungskräften sein, was aber durchaus nicht zwangsläufig so sein muss. Es sind auf jeden Fall die Gatekeeper, von der Wortbedeutung her eigentlich so etwas wie Torwächter oder Pförtner, deren strategische Bedeutung darin liegt, etwas zu ermöglichen, was sich in den allermeisten Organisationen überhaupt nicht von selbst versteht (auch wenn sie sich das gern einreden): gute Kommunikation in einer Gruppe sehr verschiedener Wesen.

## Unhöfliche Höflichkeit

In diesem Buch geht es genau um Menschen, die diese Aufgabe übernehmen: Was sollten sie können, welchen Rahmen brauchen sie, um ihre Wirksamkeit in Politik und Wirtschaft, in der großen und der kleinen Öffentlichkeit entfalten zu können? Die Antworten auf diese Fragen sind aufregender, als man zunächst vermuten könnte. Moderatorinnen und Moderatoren, die in ihrer Rolle etwa nur »nett« sein wollen oder dem Chef (oder ihrer Partei) mit der Übernahme dieser Funktion einen Gefallen tun möchten, warne ich gleich: Ihre tatsächliche Verantwortung hat mit Nettigkeiten gar nichts zu tun. Mit diesem Auftrag steht man ganz schnell vor gähnenden Abgründen, begibt sich in echte professionelle Gefahren, kann aber auch tief befriedigende Erfahrungen machen.

Es handelt sich viel eher um eine kommunikative Kampfkunst im allerklassischsten Sinn etwa von Judo oder Kendo, wozu eine tiefe innere Disziplin gehört, ein Beharren auf Form, das Einüben geeigneter Werkzeuge, eine geschulte Wahrnehmung, aber auch die Bereitschaft, dem Gegenüber entschlossen entgegenzutreten.

Dass das nicht ohne systematisches Training geht, wissen klassische Kampfkünste nur zu gut. Dass es dabei auch Fortgeschrittene gibt, von denen Anfänger lernen können, wäre dort selbstverständlich. Dass man niemanden unvorbereitet in eine Auseinandersetzung schickt, sowieso. Und dass die Aktion, die man in seiner oder ihrer Rolle ausübt, nicht das Geringste mit einem Fest des eigenen Egos zu tun hat, sondern sehr viel mit Respekt vor dem anderen Beteiligten (ohne ihm nachzugeben), versteht sich von selbst.

Die Menschen, die solche Aufgaben übernehmen, können eine zentrale Schaltstelle sein, von deren Funktionieren ganze Demokratien ebenso beeinflusst werden wie die Produktivität großer Wirtschaftsbereiche und die intellektuelle Zukunft einer Gesellschaft. Sie leisten im besten Fall einen zivilisatorischen Dienst, weil sie einen Raum für produktive Auseinandersetzung zur Verfügung stellen. Dieser Dienst reicht bis tief hinab an die Graswurzeln unserer Gesellschaft, bis zu Vereinsversammlungen, zu Elternabenden, zu Bürgerinitiativen; aber auch bis in Vorstände und Regierungsspitzen.

Allerdings müssen Moderatorinnen und Moderatoren entschlossen sein, ihren Dienst mit Zähnen und Klauen zu verteidigen. Höflichkeit hat einen Preis, den sie bereit sein sollten zu entrichten. Sie stehen nämlich mit ihrem Ethos, einen Standard von respektvollem Austausch durchzusetzen, im Gegensatz zu sämtlichen kommunikativen Blasen, denen geschlossene Partei- und Glaubenslinien oder interne Firmenmythologien viel wichtiger sind, als dass alle zu Wort kommen. Die Ermöglichung solcher Räume gegenseitigen Respekts ist inzwischen alles andere als selbstverständlich.

Wenn man es einmal ganz nüchtern sagen will: In einem organisationalen Sinne wäre die Moderatorin oder der Moderator eine Person, die eine Gruppe bei der nachhaltigen Verarbeitung von Wissen begleitet. Das hört sich ein bisschen heruntergedimmt an. Tatsächlich steht und fällt mit dieser Gatekeeper-Funktion aber jede Wissensgesellschaft.

Der Titel dieses Buches spielt mit einem Homonym aus der Alltagssprache, also mit einem Begriff, der zumindest zwei unterschiedliche Bedeutungen hat. Wenn etwas »reinhaut«, ist man von einer Erfahrung überrascht und betroffen, so oder so, dieser eine wunderbare Musiktitel hat mich völlig beglückt beziehungsweise »hat bei mir reingehauen«; dieser Sieg meiner Lieblingsmannschaft im Stadion war euphorisierend, das Tor in der Schlussminute »haut echt rein«; dieses Rauschmittel hatte eine überwältigende Wirkung, es »haut voll rein«. Allerdings gilt es entsprechend auch für negative Erlebnisse: eine Niederlage »haut rein«; durch die Fahrprüfung gefallen – das »haut rein«; einen Unfall gehabt: »haut rein«; eine schlimme Diagnose sowieso.

Die zweite Bedeutungsebene ist die der unverhüllten Aggression: der point of no return ist erreicht und ich

»haue rein«; im Meeting reden alle um den heißen Brei herum, die Zeit läuft ab, irgendwann ertrage ich es nicht mehr, »haue rein« in die lähmende Starre und mache meinem Ärger Luft, egal, was das für Folgen hat.

»Wenn *Höflichkeit* reinhaut« ist eine auf den ersten Blick ungewohnte Konstellation. Zeichnet sich Höflichkeit nicht gerade dadurch aus, dass sie geräuschlos funktioniert, smooth, angenehm, lächelnd? Im Normalfall ist das so, sicher, aber in vielen Fällen befinden wir uns inzwischen leider in einem Klima, wo das nicht mehr funktioniert. Die Klage bürgerlicher Intellektueller über die schlechte Kinderstube vieler Zeitgenossen kann man natürlich teilen, führt aber oft zu nichts; inzwischen ist es genauso nötig geworden, in der großen Politik wie flächendeckend in Firmen oder der Zivilgesellschaft, einen höflichen Umgangston offensiv zu verteidigen. Denn der versteht sich in Zeiten enthemmter Kommentarspalten der asozialen Netzwerke überhaupt nicht mehr von selbst. Moderatorinnen und Moderatoren sind demgegenüber die Sachwalter dieses Höflichkeitsstandards, mit allen Konsequenzen.

Was das bedeutet, beschreibe ich in diesem Buch zunächst auf der ganz großen Bühne der Politik, weil sich daran am leichtesten zeigen lässt, welche Fehler man in dieser Rolle machen kann und wie so etwas klappt. Diese Szenen haben den Vorteil, dass sie für unsere Zwecke gut ausgeleuchtete Laborsituationen liefern. In diesem Sinne treten im Kapitel 1 intellektuelle Stars auf, angesichts von

Leuten, die in öffentlichen Auseinandersetzungen eine Rücksichtslosigkeit sondergleichen zelebrieren. Und wir sehen dabei zu, wie Politikerinnen und Politiker heftige politische Konflikte »moderieren« müssen – und wie diese Profis das dann erfolgreich bewältigen oder prominent daran scheitern.

Kapitel 2 bleibt in aller Öffentlichkeit, wechselt aber das Terrain. Hier betrachten wir nicht mehr die politische Szene, sondern den Sport beziehungsweise ganz genau: den Fußball. Jedes Wochenende treffen ja in oft dramatischen Parteiungen Gruppen von Sportlerinnen und Sportlern aufeinander, denen an einem Kompromiss überhaupt nichts liegen kann. Wo es derart leidenschaftlich nur um Sieg oder Niederlage einer einzigen Seite geht, gibt es nur eine Funktion, die dieses Geschehen daran hindert, in offener Aggression unterzugehen, wo sich das regellose Recht des Stärkeren durchsetzt: die Schiedsrichter. Von ihnen lässt sich für Moderationsaufgaben Erhebliches lernen. Es gibt ja sogar so etwas wie eine Höflichkeit auf dem Platz.

Im dritten Kapitel werden wir semi-öffentlich, weil zwar viele betroffen sind von dem, was in Schulstunden abläuft, aber leibhaftig dabei sind nur Schülerinnen und Schülern, also ein eingeschränktes Publikum. Mittlerweile wird in Unterrichtsräumen laufend moderiert, kaum noch jemand versteht sich in diesem Kontext als direktiver Einpeitscher von Schulstoff an der Tafel. Das ändert aber nichts daran, dass gerade bei dem Vorgang der Wissensvermittlung auch dramatische Niederlagen erlitten werden können, weil eine pure Inhaltsfixierung am Ende gar nichts hilft.

Im Kapitel 4 schauen wir uns die Meeting-Kulturen in Firmen an, und wo und wie diese Gatekeeper darin überhaupt vorkommen. Interessanterweise glauben ja manche Gruppen, so etwas gar nicht zu brauchen – mit in der Regel sehr unbefriedigenden Folgen. In der Wissenschafts- und Forschungslandschaft ebenso wie im Maschinenbau und in Start-ups: Man wendet große Fantasie dabei auf, Moderationsfunktionen möglichst unwirksam zu machen. Besonders erfinderisch (man könnte auch sagen: naiv) sind dabei Führungskräfte.

Weil inzwischen Mediation und Moderation laufend durcheinandergeworfen werden, kümmert sich das fünfte Kapitel um die angemessene Differenzierung. Und ebenso um ein Thema, um das man sich in diesem Kontext gern herumdrückt, dem man sich aber unbedingt stellen muss: Kann man moderieren, ohne Macht auszuüben? Ohnmächtige Moderation haben die meisten von uns ja schon einmal erlebt – hat aber mit Höflichkeit nicht das Geringste zu tun (obwohl es immer wieder als solche ausgegeben wird).

Kapitel 6 reflektiert darüber, wer so eine Gatekeeper-Aufgabe überhaupt wahrnehmen *kann*. Welches Mindset befähigt dazu, welches hindert daran, vorhersehbar? Welche formalen Faktoren spielen bei einer wirklich effizienten Moderation eine entscheidende Rolle? Welches Rollenbewusstsein ist die conditio sine qua non?

Bestimmt nicht dasjenige, wo die Praktikantin fünf Minuten vor dem Meeting en passant zu hören bekommt »heute kannst du das mal machen«.

Meistens sind die entscheidenden Weichen schon gestellt, bevor es überhaupt inhaltlich wird. Im Kapitel 7 geht es um die Anfangsphasen der Meetings, bei denen die Moderatorin oder der Moderator entscheidende Bedingungen unterschätzt und damit das Meeting an die Wand fährt, bevor es richtig losgeht. Es sind die Gatekeeper, die über die Güte der Kommunikation wachen, und diese Aufgabe fängt schon *vor* dem Sitzungsbeginn an.

Der professionelle Umgang mit Störungen während des Meetings entscheidet darüber, ob man als Moderatorin oder als Moderator ernst genommen wird. Darum geht es im Kapitel 8. Hier stehen wir dann vor dem Ernstfall von Höflichkeit, hier muss sich der Anspruch darauf bewähren und hier sind bloße Appelle zu Ende. Denn leider sind ja viele Meetings Schauplätze für alles andere als inhaltliche Beiträge. Die Rangsüchtigen treffen auf die Dauerdozierer. Die chronischen Ins-Wort-Faller verbünden sich mit den sexistischen Kommentatoren. Die bedeutsamen Schweiger werden irritiert von den systematischen Zu-Spät-Kommern usw. Aber das lässt sich alles managen. Auch der Chef, der immer recht hat.

Es versteht sich, dass allein Gefahrenabwehr noch nicht reicht, wenn ein Meeting produktiv sein soll. Dazu braucht es Fähigkeiten und Tools zur Anregung, zur Einladung, zur positiven, freundlichen Provokation. Mit einer besonderen Form von Geistesgegenwart wird man aufmerksamer für gerade in Meetings laufend eingebrachte spielerische Angebote zur Kontaktaufnahme. Das ist sogar bei staubtrockenen Meetings der Fall. Wie man in diesem Sinne ein Pontifex wird, sozusagen »Brückenmacher« einer gelingenden Kommunikation, steht im Kapitel 9. Alle Welt gibt Zeichen! Die sollte man als solche aber auch entschlüsseln können.

Schöpferisch sein und spielen zu können, hängt eng zusammen. Das gilt erst recht für Gruppen unterschiedlichster Menschen. Worüber selten nachgedacht wird, ist aber der Zusammenhang zwischen der innovativen Spielfreude und den Spielregeln, die die Freiheit des Spielerischen erst ermöglichen. In den meisten Organisationen wird unterschätzt, was eine gute, alte Geschäftsordnung an Kreativität und Austausch ermöglicht. Gerade in schnell wachsenden kleinen Firmen gilt sowas als wenig hip und oft als unnötiger Ballast – wo doch alles so rasch passiert und angeblich so locker und familiär ist. In Kapitel 10 stellt sich aber heraus, welche mächtige Funktion so ein Regelwerk haben kann. Und wie herausfordernd es sein kann, diese Regeln gegen seine Widersacher zu verteidigen.

Beim Stichwort »Moderation« denken die meisten von uns gleich an Talkshows im Fernsehen. Die werden ja auch moderiert. Aber wie gut wird das dort überhaupt gemacht? Oft kommt es Zuschauenden ja so vor, als wären das Zirkusveranstaltungen, bei denen Dompteure die Anwesenden ihre Kunststücke machen lassen, ohne dass dabei in der Sache viel herauskommt. Was genau passiert mit Moderation in diesen Fernsehstudios? Und hat das eine Relevanz für Moderation in Meetings? Das beantwortet Kapitel 11.

Man könnte meinen, dass die strukturierende Rolle der Gatekeeper nur bei Präsenz-Meetings im guten alten Besprechungsraum mit dem großen Konferenztisch gilt. Weit gefehlt! Die Moderation von Videokonferenzen hat zwar ein paar Besonderheiten wie den Chat oder den Umgang mit der Technik. Aber im Kapitel 12 zeigt sich, wie groß der Moderationsbedarf auch dort ist. Es ist eine Kampfkunst mit ganz eigenen Werkzeugen. Ton- und Bildregie sind Machtfragen und das Exil im virtuellen Warteraum kann schon ziemlich auf die Nerven gehen.

Wer sich mit dem beschäftigt, was sich in Meetings beglückend entwickeln kann, was aber auch verletzen, demütigen und kaputtmachen kann, kommt um eine Auseinandersetzung mit der Ethik der Moderation nicht herum. Die ist aber etwas anderes als Parteinahme. Zwar verteidigen die Gatekeeper ein Verfahren, aber sie begeben sich damit in eine besondere Zone, wo sich die Wahrnehmung der Person und die Distanz zur Person gleichermaßen die Waage halten. Das kann schon sehr anspruchsvoll sein und steht in Kapitel 13.

Damit so ein Buch am Ende auch wirklich praxistauglich bleibt, muss zumindest eine Art Checkliste herauskommen, auf der man abhaken kann, ob man seinen Job als Moderatorin oder Moderator noch gut macht. So etwas finden Sie im Schlusskapitel 14.

Worum ich mich nicht kümmere in diesem Buch, ganz absichtlich: um sogenannte Moderation innerhalb des Internets. Wo Algorithmen uneingeschränkt herrschen und flächendeckend Anonymität herrscht, kann von Moderation im eigentlichen Sinn kaum die Rede sein (bei aller Solidarität mit denen, die sich die dortigen Übergriffe täglich zumuten müssen, weil jede künstliche Intelligenz damit überfordert ist). Mir geht es in diesem Buch vor allem um den Wirtschafts- und Politikkontext, der darunter leidet, dass unglaubliche Energien in sinnlosen Meetings verschwendet werden oder eine Debattenkultur untergeht, weil die strukturierende Kraft der Gatekeeper nicht genutzt wird.

Ein kleiner Hinweis zu Namen und Zitaten: öffentlich bekannte Prominente werden natürlich auch so benannt. Aber Namen, die in Fallbeispielen etwa aus dem Firmenkontext auftauchen, sind grundsätzlich anonymisiert und verändert. Falls tatsächlich jemand einen ähnlichen Namen hätte, dann ist diese Person hundertprozentig nicht gemeint! Müllers gibt es nun mal sehr viele … Im Original fremdsprachige Texte habe ich selbst übersetzt.

Ein ausdrücklicher Dank geht an Ekkehard Pohlmann und Anne Kotterer für die Arbeit, die sie mit meinen Texten hatten. Und an meine Lektorin Waltraud Berz: Danke für jede Kritik, für jedes unnachgiebige Nachhaken, für intensive Telefonate.

*Peter Modler*

# Kapitel 1

## Die kämpferische Höflichkeit

### Wie demokratische Standards verteidigt werden

## Ohnmacht und Strenge

Die Spielregeln wurden Ihnen vorher mehrfach erklärt: Sie bekommen zwei Minuten, um Ihren Standpunkt darzustellen. Das gilt nicht nur für Sie, sondern auch für Ihren Diskussionsgegner, es soll ja gerecht zugehen. Dreißig Sekunden vor Ablauf Ihrer Zeit erscheint ein gelbes Lichtsignal. Danach wechselt es auf Rot. Wenn Sie das übersehen haben, erinnert Sie die Moderatorin an die Zeitüberschreitung. Soweit die fromme Theorie.

In Wirklichkeit scheren Sie sich keinen Deut darum. Als das rote Licht erscheint, sehen Sie es zwar ganz genau, reden aber trotzdem ungebremst weiter. Die Moderatorin sagt nun höflich: »Danke, Herr Müller.« Das überhören Sie, weiter geht's. Die Moderatorin wiederholt: »Danke, Herr Müller.« Das interessiert Sie nicht, Sie hören nicht auf zu sprechen. Die Moderatorin, nun schon mit leiser Resignation in der Stimme: »Danke, Ihre Zeit ist zu Ende.« Aufhören, wenn es gerade so gut läuft? Sie reden weiter. »Herr Müller, Sie sind über der Zeit«, die Moderatorin klingt ein bisschen passiv-aggressiv. Na und? Jetzt kommt erst recht noch was. »Danke, Herr Müller«, zum weiteren Mal. Jetzt hören Sie auf. *Erst* jetzt. Nachdem Sie sechs Mal (!) darum gebeten worden sind. Und weil Ihnen sowieso nichts mehr einfiel.

Finden Sie das peinlich? Haben Sie ein schlechtes Gewissen, weil Ihnen ja durchaus klar ist, dass ein ganz anderes Verhalten von Ihnen erwartet worden ist? Was für ein Typ sind Sie, dass Sie derart über alle Stoppsignale fahren?

Sie sind, zum Beispiel, ein Typ wie Mike Pence, seinerzeit Vizepräsident der USA.

Und die Moderatorin, die ihre unendliche Geduld in derart hilfloser Weise vorgeführt hat, war Susan Page, Anchorwoman bei USA Today. Sie war 2020 dafür zuständig, die Debatte zwischen dem amtierenden Vizepräsidenten und der Gegenkandidatin Kamala Harris zu, tja, moderieren.

Wen sie in diesem Fall am ehesten moderiert hat, war sich selbst. Von der Rolle eines Gatekeepers weit entfernt. Dass diese Debatte nicht komplett unterging, lag im Folgenden weniger an der Moderatorin als vielmehr an der Gegenspielerin von Pence, die sich von ihm wenig gefallen ließ – Kamala Harris.

Susan Page erzählte direkt im Anschluss an diese Moderationserfahrung, dass sie genau so etwas befürchtet hatte. Und eben deshalb hatte sie auch kurz vor dem Auftritt den beiden Kontrahenten noch einmal die Regeln erklärt, in der Hoffnung, dass allein die Darstellung der vereinbarten Regeln das dann folgende Klima prägen würde. Bei dieser Gelegenheit hatte sie auch ausdrücklich angekündigt, dass sie selbst nicht vorhatte, jemanden in dieser Debatte zu unterbrechen. Daran hatte sie sich selbst ja offensichtlich auch gehalten. Nur ein Kontrahent halt nicht. Dem hatte sie dann leider nichts entgegenzusetzen als die freundliche Devotheit einer Stimme, bei der man unwillkürlich an Amazons Digitalsklavin »Alexa« oder »Siri« von Apple denken musste.

Sie hatte sich vorher, darüber hatte sie auch berichtet, sogar mit dem gewohnten Sprachverhalten von Pence auseinandergesetzt. Es war für sie nicht einmal überraschend gewesen, wie er sie ignoriert hatte! Trotzdem war sie in dieses untertänige Verhalten verfallen. Womöglich hatte sie es sogar für höflich gehalten? Wie kommt so etwas?

Wie es auch ganz anders laufen könnte, zeigt eine ganz andere Szene aus dem Großbritannien vor dem Brexit. Die aufgewühlten Debatten zu diesem Thema wurden im englischen Unterhaus bekanntlich mit harten Manschetten geführt. Dass aber immerhin eine demokratische Form dabei gewahrt wurde, lag weniger an den debattierenden Parteien als an der profilierten Figur des parlamentarischen Moderators.

Als Premierministerin Teresa May im Februar 2019 eine Regierungserklärung abgibt, entsteht Unruhe im Parlament. Es ist der »Speaker« (d. i. der Parlamentspräsident), der im Stimmengewirr der Anwesenden für Ordnung sorgt. Die Premierministerin fährt fort in ihrem Vortrag, als ihr ein Parlamentarier mit dem Ruf »Das ist nicht wahr!« ins Wort fällt. May hört auf zu reden und schaut zum Speaker John Bercow, der auch schon reagiert, von seinem mit grünem Leder bezogenen Hochsitz aus.

May setzt sich, der Speaker breitet die Arme aus und ruft das Wort, mit dem er in Großbritannien legendär geworden ist, weil er es stimmlich ebenso unüberhörbar wie virtuos modifiziert: »Order!«, so viel wie »Zur Ordnung! Ruhe!«, und das dreimal, bis tatsächlich Ruhe einkehrt.

Dann steht er auf, breitet lächelnd die Arme aus und stellt laut fest: »Es gibt hier genug Raum für die Klärung dessen, was stimmt und was nicht stimmt. Aber, in aller Fairness, und diesen Punkt wiederhole ich ausdrücklich, *muss* die Person, die das Wort hat, gehört werden.« Bei seinem letzten Halbsatz *»muss die Person, die das Wort hat«* unterstreicht er jedes einzelne Wort mit einer expressiven Bewegung des vorgereckten linken Arms. Dann erteilt er May wieder das Wort.

Die kann kaum weitermachen, als auch schon eine Beschimpfung fällt, die May sofort wieder verstummen lässt und Proteststürme der Abgeordneten provoziert. Der Speaker Bercow braucht eine Weile, bis er den Begriff verstanden hat, der da im Raum steht (weil es so laut wurde), aber dann wird er streng: »Ich hoffe, dass das Wort ›Lügnerin‹ nicht gebraucht wurde… Order!… Order!« (weil es wieder laut wurde). Noch lauter: »Ooordeeer!«, mit beiden ausgestreckten Händen und gespreizten Fingern. Und dann: »Ich bin kompetent genug, um diese Angelegenheit unverzüglich zu regeln. Wenn… Order!… wenn dieses Wort eindeutig verwendet wurde […], *muss* dieses Wort… zurückgenommen werden… und zwar auf der Stelle. Auf der Stelle!«

Dann erst beugt sich Bercow zu den Protokollanten, um zu erfahren, wer das überhaupt gesagt hatte. Wieder hoher Lautstärkepegel. Bercow steht nun auf. »Mir wurde mitgeteilt …, dass das Wort mit hoher Wahrscheinlichkeit vom Fraktionsführer der Schottischen Nationalpartei benutzt wurde. Wenn das stimmt, lasse ich die Debatte nicht weitergehen. Wenn das stimmt, dann fordere ich den ehrenwerten Gentleman auf, dieses Wort zurückzunehmen … Er kann nicht ein anderes Mitglied dieses Hauses der Unehrlichkeit beschuldigen.« Der Speaker deutet mit ausgestrecktem Zeigefinger auf den betreffenden Abgeordneten: »Nehmen Sie das zurück!«

Daraufhin erhebt sich der besagte Fraktionsvorsitzende, nestelt etwas verlegen an seiner Armbanduhr – damit er Bercow nicht direkt in die Augen sehen muss – und sagt: »Ich nehm's zurück!«, und setzt sich hin. Ende der Szene.

Da hat man nun einen echten Moderator bei der Arbeit gesehen, der wusste, wie Höflichkeit reinhaut. Hoch professionell, mit vollem Energieeinsatz, mit Beherrschung aller nötiger Tools.

Zugegeben, es sind unterschiedliche Ausgangslagen, die der Journalistin im Drei-Personen-Setting und die des Speakers im Parlamentssaal. Aber in beiden Fällen geht es um die Durchsetzung einer angemessenen Qualität von Auseinandersetzung. Und das funktioniert offensichtlich, hier wie dort, nicht mit demütigen Appellen.

Um dem Missverständnis gleich entgegenzutreten, dass Männer die Moderationsrolle leichter hinbekommen als Frauen, ein anderes Beispiel, noch einmal aus den USA. Es hat auch den Vorteil, dass an ihm ein weiteres wirksames Tool demonstriert wird.

## Pause für den 20-Tonner

Wieder ist der Moderator jemand mit ganz besonders hoher Sachkompetenz, wieder jemand, der sehr höflich auftritt. Immer im Anzug, immer Manschettenknöpfe und Krawatte, immer mit seiner gescheitelten Frisur. Chris Wallace ist TV-Anchorman, vergleichbar mit Susan Page, allerdings macht er das bei Fox News, mit einem für diesen Sender erstaunlich hohen inhaltlichen Niveau. Er kann sehr charmant sein, aber seine Nachfragen sind gefürchtet. Und er moderiert nun also das erste direkte Aufeinandertreffen des amtierenden Präsidenten der USA mit seinem Herausforderer im Herbst 2020.

Die neunzig Minuten dieses Duells gerieten dem Moderator Wallace zum puren Desaster. Nach eigener Aussage war es Wallace's Idee von Moderation gewesen, die Debatte zwischen den beiden thematisch anzuregen, aber ansonsten »so unsichtbar wie möglich« zu bleiben.

Dass diese Vorstellung etwas naiv erscheint, wenn einer der beiden für seine respektlosen Übergriffe bekannt war, hätte ihm eigentlich klar sein müssen. Was dieser Kontrahent dann auch prompt lieferte, waren kaum inhaltliche Beiträge, sondern, nach einer Statistik der New York Times, 154 Unterbrechungen seines Gegenübers in 90 Minuten.

Wo aber jemand bereits die ganze Kommunikationsbasis missachtet und absichtlich alle Regeln bricht, ist es für Moderatorinnen und Moderatoren sinnlos, immer weitere sachliche Anregungen geben zu wollen. Da muss der Standard selbst verteidigt werden.

Wallace hat das auch immer wieder verbindlich und freundlich versucht: »Als Erstes sagt man ›Bitte unterbrechen Sie nicht‹, dann ›Bitte halten Sie sich an die Regeln‹, und als Drittes ›Das ist kein Dienst an unserem Land‹« (New York Times). Alles vergeblich. Die Appelle des Moderators wirkten wie eine Fahrradklingel, die im Startgeräusch eines 20-Tonners unterging.

An einer einzigen Stelle in dieser Kakophonie aus Lügen, unsachlichen Attacken, pausenlosem Gerede und Nicht-Zuhören schaffte es Wallace aber tatsächlich, den 20-Tonner zu stoppen. Der Moderator scheint in diesem Augenblick selbst überrascht gewesen zu sein, dass Trump ihm auf einmal zuhörte und wirklich eine Pause machte – das erste Mal (und leider auch das einzige).

Als der Moderator auf das Thema der Gesundheitsversorgung kommt, springen sofort die üblichen Unterbrechungs- und Logorrhöe-Reflexe des Präsidenten an. Wallace beginnt, seine Frage zu formulieren, Trump fährt ihm gleich dazwischen; daraufhin Wallace: »Lassen Sie mich meine Frage formulieren, Sir.« Trump murmelt etwas. Wallace fährt damit fort, dass der Präsident nie einen eigenen Plan zur Health Care vorgelegt habe – als ihm Trump wieder ins Wort fällt: »Doch, habe ich.« Wallace will fortfahren, wieder grätscht ihm Trump hinein: »Doch, hab ich.« Nun reden beide gleichzeitig, sodass kaum etwas zu verstehen ist; am Ende hat Trump den längeren Atem und redet allein weiter. Wallace versucht mehrfach, endlich seine Frage zu stellen, Trump lässt ihn nicht zu Wort kommen. Wieder bittet der Moderator: »Lassen Sie mich meine Frage stellen.« Trump redet weiter. Bis Wallace (endlich) lauter wird und fast schon verzweifelt Folgendes sagt: »Herr Präsident, ich bin der Moderator dieser Debatte … und ich möchte, dass Sie mich meine Frage stellen lassen.«

Diesmal schweigt der Präsident tatsächlich. Nach einer kleinen Pause konzediert er sogar: »Na gut, machen Sie weiter.«

Wohl eher zufällig hatte Wallace den Knopf gefunden, der einen aggressiven Vielredner abstellen konnte. Leider verlor er den Knopf gleich wieder aus den Augen, fiel in sein gewohntes Bittstellerverhalten zurück und brachte auch den Rest der Debatte nicht mehr auf die Reihe. Er hatte die Tür zur kommunikativen Kampfkunst einen Spalt geöffnet, aber gleich wieder geschlossen.

Offensichtlich hatte es aber bei Trump eine enorme Wirkung gehabt, dass Wallace deutlich und explizit aussprach, worin eigentlich sein Rang, seine Funktion, sein Amt bestand, nämlich »der Moderator dieser Debatte« zu sein. Und schon war Ruhe.

Warum war das derart wirksam? Es wussten doch alle? In einem trumpistischen Sprachsystem gilt diese Vermutung nicht ohne Weiteres. Wir werden noch sehen, was in diesem System stattdessen gilt, aber bereits an dieser Miniatur lässt sich erkennen, wie zentral dabei ein Vorgang der wechselseitigen Rangklärung ist.

Die Fähigkeit, ja, der Reflex, sogar der Wille, anderen Leuten bei Meetings ins Wort zu fallen, haben damit zu tun, wer welche »Sprache« spricht. Und die Möglichkeiten, darauf angemessen zu reagieren, auch. Allein die Tatsache allerdings, dass es diese unterschiedlichen »Sprachen« überhaupt *gibt*, wird im professionellen Kontext verdrängt und lieber nicht thematisiert. Der Sachverhalt wird weder an Universitäten gelehrt noch an Managementinstituten. Von den meisten Kommunikationsprofis wird er lieber ignoriert, weil sie ihn als zu große Zumutung empfinden, ja womöglich als intellektuelle Kränkung, obwohl das vorliegende empirische Material kaum zu übersehen ist.

## Die Wiederentdeckung Amerikas

Zur Entdeckungsgeschichte dieser Sprachsysteme könnte man geradezu eine historische Analogie herstellen: Die Ersten, die von Europa aus einen Seeweg nach Amerika entdeckten, waren ja sehr wahrscheinlich Wikinger. Auf den weiteren Verlauf der Geschichte dieser beiden Erdteile hatte diese Tatsache aber kaum Einfluss. Sie geriet völlig in Vergessenheit, und erst die nächste Fahrt von hier nach dort, Jahrhunderte später mit Christoph Columbus, hatte global enorme Konsequenzen.

So war das auch mit dem Befund der amerikanischen Soziolinguistin Deborah Tannen. Anfang der 90er-Jahre wollte sie, in aller wissenschaftlicher Unschuld, nur herausfinden, wie Kinder beim Spielen kommunizieren. Dabei stand sie – um es kurz zu machen (weil ich dazu schon mehrere Bücher geschrieben habe) – plötzlich vor Amerika. Denn sie entdeckte zwei zutiefst unterschiedliche Sprachsysteme, die sich bei Erwachsenen erst recht bestätigten.

Schon Tannens Lehrer Edward T. Hall hatte erste Hinweise dazu verfolgt, aber erst Tannen beobachtete den Sachverhalt systematisch. Allerdings landeten ihre Erkenntnisse in den 1980er-Jahren verlagstechnisch im Ratgebersegment und eine echte Rezeption ihrer wissenschaftlichen Entdeckungen in Politik und Wirtschaft unterblieb; vielleicht gerade wegen dieser anfänglichen Positionierung.

Und wir sind nun dabei, um im Bild zu bleiben, den Atlantik ein zweites Mal zu überqueren. Mit dem zwiespältigen Gefühl, eine Menge Zeit verloren zu haben.

Tatsächlich entscheidet der kompetente Umgang mit diesen beiden Systemen darüber, ob Moderation gelingt und Gatekeeper ihre Wirksamkeit entfalten. Wer die Systemunterschiede ignoriert, bekommt Probleme.

Leute wie der erwähnte AfD-Abgeordnete im Parlament, der unhöfliche Vizepräsident oder der Chef der schottischen Nationalpartei (und ein Trump sowieso) gehören nach Tannen zum Lager der »vertikalen« Kommunikation. In ihrem Koordinatensystem bestimmen die Rangordnung und das Revierverhalten darüber, wann zugehört wird und wann man kooperativ sein kann. Die für manche unbequeme Regel in diesem System besteht darin, dass der frühzeitige Austausch von Funktions- und Hierarchiebotschaften (*ich bin die Abteilungsleiterin*) und die Klärung territorialer Zuständigkeiten (*in wessen Büro treffen wir uns zum Meeting?*) Kommunikation überhaupt erst ermöglicht. Argumentationen sind also durchaus grundsätzlich möglich, aber zumindest in der entscheidenden Anfangsphase völlig nebensächlich.

Moderatorinnen und Moderatoren wie Susan Page von USA Today, Ilse Aigner vom Bayerischen Landtag oder Chris Wallace gehören aber zu einem ganz anderen System, das Tannen als »horizontal« bezeichnet hat. Bei den Pages, Aigners und Wallaces geht es nicht wie in der vertikal orientierten Welt um möglichst frühe Zeichen der Zugehörigkeit und ziemlich schnell um inhaltliche Klärungen. Rang- und Territorialfragen empfinden die meisten hier als hinderlich bis geschmacklos.

Jemand wie der Speaker John Bercow allerdings bewegt sich offensichtlich *zwischen* den Systemen. Er hat das für Gatekeeper ebenso unverzichtbare wie seltene Know-how, beide Systeme zu bedienen, je nach Erfordernis.

Es gehört zur beklagenswerten Symptomatik dieser beiden Universen, dass sie sich gegenseitig unterschätzen. Vor allem täuschen sie sich in der Tragweite ihrer Differenzen. Jede Seite geht in der Regel naiv davon aus, dass das andere Lager mit einigem guten Willen die Sprache sprechen könnte, die man selbst bevorzugt. »Vertikale« Hierarchieinteressierte nehmen »horizontale« Community-Interessierte im Konflikt wahr als beschränkt, böswillig, unwichtig oder hinderlich, weil sie selbst davon ausgehen, dass ihre spezifische Zeichensprache überall gilt, sofort begriffen und mit ähnlichen Mustern beantwortet wird. Community-Interessierte empfinden die Hierarchiefreaks bei Meinungsverschiedenheiten regelmäßig als arrogant, prähistorisch, lächerlich, verletzend oder brutal, weil auch sie ihre Formen des Austauschs für völlig normal halten, sozusagen für den einzig gültigen Maßstab, und entsprechende Reaktionen erwarten wollen. Mit solchen Vorverständnissen können Moderatorinnen und Moderatoren aber nur scheitern. Denn Höflichkeit bedeutet in den beiden unterschiedlichen Systemen auch tatsächlich etwas ganz Unterschiedliches.

# Kapitel 2

## Die Frau in schwarzen Hosen

### Warum Fußball moderiert wird

## Magnet des Ärgers

Wer schon einmal selbst Fußball gespielt hat, kennt auch die Verachtung für den Schiedsrichter. *Das hat er doch sehen müssen! Warum in aller Welt hat er das nicht gepfiffen?* »Schiri, wir wissen, wo dein Auto steht!« – sehr beeindruckend, wenn das von ein paar Zehntausend Fans aus voller Kehle gesungen wird. Vor allem für den Schiri.

Schiedsrichterinnen (von denen es leider noch wenige gibt) und Schiedsrichter haben vielerlei Bedeutung, nicht zuletzt die des Sündenbocks.

Die Leistung der einen Mannschaft auf dem Platz war weniger stark als die der anderen Elf, sie stolperten müde und konzeptionslos in der Gegend herum und prompt verloren sie das Spiel haushoch.

Doch die Fans haben einen ganz anderen Verantwortlichen ausgemacht, nämlich den Typen in schwarzer Hose mit seiner blöden Pfeife. Der wird mit Schmähungen überschüttet, der wird im Chor beleidigt, der wird opernmäßig satanisiert. Und daheim, nach dem Spiel, nachdem man sich wegen dieses einen Faktors emotional entleert hat, fühlt sich der Fan kathartisch erleichtert. Desdemona ist tot – und der Schiri war schuld.

Die Wahrheit über die eigentliche Funktion dieser Figur in Schwarz wird vom Brimborium der groß inszenierten Spielevents in Riesenstadien allerdings verdeckt.

Ich erinnere mich noch gut an die spontanen Spiele nach dem Schulunterricht, wenn sich auf einem staubigen Acker von Kickplatz mehr oder weniger geordnet zwei Mannschaften fanden. Schiedsrichter wollte niemand sein! Es war nun mal viel reizvoller, als Spieler in einer Mannschaft nach vorn auf das gegnerische Tor zu spielen.

Das war auch alles kein Problem, wenn sich die Spieler einigermaßen kannten, und ein gewisser Konsens, ja sogar Großmut, über die Auslegung der Regeln herrschte. »Na gut, dann macht ihr halt einen Freistoß«. Sobald aber neue, ungewohnte Teilnehmer das Spielfeld betraten, etwa Leute aus anderen Klassen, konnte sich das schnell ändern. Rasch breitete sich Ärger aus, wenn die andere Seite härter spielte, als man das sonst gewohnt war. Wie öde, wenn bei jedem vermeintlichen Regelverstoß erst lautstarke Auseinandersetzungen geführt werden mussten, weil die andere Seite das jedes Mal ganz anders auslegte. Das Handspiel sollte auf einmal keines gewesen sein? Und das Foul war doch völlig eindeutig!

Da wurde das Spiel mühsam, irgendwann war die Lust daran verflogen. Womöglich löste sich das gesamte Spiel auf, weil Spieler genervt vom Platz gingen. Das Spiel war zerstört, weil die beiden Parteien damit überfordert waren, ihre Regeln selbst zu schützen.

Es konnte fast schon befreiend sein, wenn tatsächlich jemand bereit war, den Schiedsrichter zu machen. Da sah man dann auch über dessen Unzulänglichkeiten hinweg.

Es war immer noch besser als gar kein Schiedsrichter. Nach dem Spiel konnte man ja immer noch über ihn herziehen …

Schiedsrichterinnen und Schiedsrichter haben eine unausgesprochene Moderationsfunktion. Nicht nur kennen sie ein umfangreiches Regelwerk auswendig (aktuell 164 Seiten beim DFB!), sondern sie wenden es auch laufend in herausfordernden, unübersichtlichen Situationen an. Dabei haben sie eine Macht, von der Moderatorinnen und Moderatoren in Meetings nur träumen können: Sie können erst »Ermahnungen« aussprechen, dann gelbe Karten verteilen und schließlich, zum Schrecken der Spieler und der Fans, sogar rote. Sie schicken nach eigenem Urteil nicht nur Spieler vom Platz, sondern auch Trainer ins Publikum. Sie entscheiden über eine Unterbrechung des gesamten Spiels, egal welcher finanzielle Schaden damit angerichtet wird. Ja sie haben sogar die Möglichkeit, im Extremfall das komplette Spiel abzubrechen – wegen des Wetters, aber genauso gut wegen Rassismus auf dem Spielfeld oder in den Rängen.

Ihre Kommunikation auf dem Platz, vor allem mitten in konfliktiven Ansammlungen von Spielerinnen und Spielern, hat einen hohen Anteil von sogenanntem Move Talk, also körperlich-choreografischen Bewegungsbotschaften. Natürlich erklären sie auch den Betroffenen den Grund für eine Sanktion. Aber dazu ertönt als Erstes ein Pfiff (das Äquivalent zur Sitzungsglocke in Parlamenten), dann wird der Arm nach oben gestreckt. Nun ist die Aufmerksamkeit bei allen Beteiligten gesichert und der nächste Move kann der Griff in die Brust- oder Gesäßtasche sein, wo jeweils die gelbe oder rote Karte wartet. Dem Spieler, der womöglich schon protestierend auf den Schiri zuläuft, wird die Karte mit ausgestrecktem Arm entgegengehalten – geradezu priesterlich-demonstrativ – und dann, damit es alle auf dem Feld sehen können, steil nach oben. Noch während der empörten Reaktion des Spielers oder des explodierenden Publikums holt der Schiri sein kleines Protokollblöckchen heraus, um darauf den Spielernamen, die Uhrzeit und die Entscheidung zu notieren. Eigentlich ein überflüssiger Akt, wenn der Vorgang per Video sowieso aus allen Kamerawinkeln erfasst wird; in Wahrheit ein letztes dramaturgisches Zeichen und unverzichtbarer Bestandteil der angewandten Kampfkunst. Wenn Spieler weglaufen und so tun, als hätten sie gar nicht mitbekommen, dass sie gerade von einer Entscheidung betroffen sind, bleibt das Spiel so lange unterbrochen, bis der vom Schiri herbeizitierte Spieler direkt vor dem Schiri steht und beim besten Willen nicht mehr ausweichen kann. Nicht zufällig sehen solche Vorgänge für das Publikum wie eine machtvolle kleine Pantomime aus.

Zur Vorbereitung auf ihre Anwesenheit im Spielfeld haben Schiris ein enormes Training hinter sich. Ihre athletische Geschwindigkeit muss ebenso eingeübt werden, wie Spieler das auch machen. Hinzu kommt die Notwendigkeit, sich auf die spielpolitische Ausgangslage einzustellen: Wo stehen die Mannschaften aktuell in der Tabelle, wird das hier ein verzweifeltes Abstiegsmatch oder spielen die taktisch auf Unentschieden? Wer sind die Schlüsselspieler, wie stellt sich die Mannschaft auf? Welches Verhalten hat der Trainer? Naiv stolpern Schiedsrichter in der Regel nicht in irgendein Spiel. Mit ihrem Auftreten können sie zu so etwas wie den Königen oder Königinnen der Moderation werden.

## Moderation unter dem Radar

Man kann sich schon fragen, ob diese Menschen die eigentlichen Führungskräfte auf dem Platz darstellen. Ungleich mehr als etwa die Stars im Sturm, die ja viele für so zentral beim Spiel halten.

Die Antwort auf diese Frage ist weitreichend. Natürlich stehen diese Stars ganz anders in der Aufmerksamkeit. Der Wald von Mikrofonen und Kameras baut sich nach dem Spiel vor Neymar, Ibrahimovic oder Rapinoe auf, oder vor einer berühmten Trainergestalt, bestenfalls vor dem Clubpräsidenten. Der Schiri wird am ehesten dann um eine Stellungnahme gebeten, wenn man ihm einen epochalen Fehler ankreidet. Es sind die Stars, mit denen sich die Fans des jeweiligen Lagers identifizieren.

Ganz sicher nicht mit ausgerechnet so einer Gestalt wie dem Schiri.

Aber der Blick der Öffentlichkeit täuscht. Vor lauter Lust an der Identifikation mit einer teilnehmenden Partei entgeht ihm, wer die tatsächlichen Garanten des Spiels an sich sind. Wäre das gesamte Spiel weitergegangen, wenn so ein Star ausgefallen wäre? Wahrscheinlich. Einwechslung, fertig. Das Spiel einer Mannschaft hätte vielleicht den Charakter gewechselt, aber es hätte nicht aufhören müssen.

Aber ohne Schiris? Da wäre eben Schluss.

Es läuft ein bisschen unter dem Radar, dass gerade der Schiri, der zu keiner Partei gehört, das Spiel garantiert. Insofern steht er als Gatekeeper funktional näher an der Rolle eines Sprechers der Geschäftsführung oder eines Vorstandsvorsitzenden, während Stürmer oder einzelne andere Stars der Mannschaften eher die Rolle des mittleren Managements haben, das singuläre Abteilungsinteressen vertritt. Während die Geschäftsführung die Fortsetzung des gesamten unternehmerischen Spiels sicherstellt. Für diese Sicht der Dinge haben die Fans und auch die Trainer und sowieso die Mannschaft oft wenig Verständnis.

Es wäre naiv zu glauben, dass gerade in diesem Sport das Geschlecht keine Rolle spielt. Die Tatsache einer Schiedsrichter*in* in allein von Männern bestrittenen Spielen ist nicht nur immer noch etwas Besonderes, sondern, immer noch, für die Leute auf dem Platz wie auch zu Hause an den Bildschirmen, eine kulturelle Herausforderung. Als mit Bibiana Steinhaus im deutschen Sprachraum das erste Mal ein Pokalspiel von einer Schiedsrichterin gepfiffen wurde (Chemnitz gegen Bayern München), erlaubte sich der Stürmerstar der Bayern, Franck Ribéry, einen sehr bezeichnenden kleinen »Scherz«. Als Steinhaus neben ihm stand und er sich bückte, um den Ball für einen Freistoß zurechtzulegen, machte Ribéry mit der Hand eine Seitenbewegung – und zog der Schiedsrichterin den Schnürsenkel ihres Schuhs auf. Das hielt er offenbar für unglaublich witzig. Steinhaus ermahnte Ribéry daraufhin, ohne ihm eine gelbe Karte zu geben, ansonsten hatte sie das Spiel im Griff. Bei einem männlichen Kollegen hätte sich Ribéry das wohl kaum erlaubt.

Steinhaus erarbeitete sich mit ihrer coolen Überlegenheit großen Respekt unter allen Beteiligten. Aber die Sottisen blieben, die Kommentarspalten im Internet sind bis heute voll von irritierten Reaktionen.

Vielleicht liegt es an ihrer Rolle als Pionierin, dass Steinhaus auch diejenige unter ihren Kolleginnen ist, die besonders deutlich ihre Funktion reflektiert. Es klingt wie die archetypische Beschreibung einer Moderatorin oder eines Moderators, wenn sie über ihr eigenes Verhalten auf dem Spielfeld sagt: »Ich kann mich nicht verstecken […], alles, was ich tue, wird beobachtet« (Menne). Je unruhiger und chaotischer die Situation mit den Spielbeteiligten wird, »desto wichtiger ist es, dass der Schiedsrichter auf dem Feld […] ein Leuchtturm ist, an dem man sich ausrichten kann, wo man wieder auf den Weg finden kann […]. Diese Sicherheit, diese Stabilität erwarte ich von einem Schiedsrichter.« (ebd.)

Dass dieses Rollenbewusstsein aber im Eifer der Auseinandersetzung nicht immer auf Gegenliebe treffen *kann*, ist Steinhaus völlig klar: »Ich weiß, die Reaktionen, denen ich begegne, die sind meiner Aufgabe geschuldet, die sind meiner Uniform geschuldet, die sind dem Hut geschuldet, den ich in dem Moment aufhabe. Es geht nicht um mich als Person … Person und Aufgabe sind zwei völlig unterschiedliche Dinge.« (ebd.)

An Steinhaus (wie auch bei anderen Schiedsrichterinnen und Schiedsrichtern) ist übrigens auch deutlich zu sehen, welche Tragweite deutlich sichtbare Gesten im Arbeitsfeld einer Moderation haben können. Natürlich müssen Aktionen wie etwa die emporgehobene Karte oder das ausdrückliche Zeigen auf den Punkt für den Freistoß allein schon deshalb ausladend sein, weil sie auch über größere Distanzen sichtbar sein müssen. Aber sie haben eben auch in einer mehrheitlich vertikal auftretenden Welt eine ganz andere Funktion als horizontale Kommunikation. Diese schiedsrichterliche Gebärdensprache ist nämlich tatsächlich ein dezidiert sprachliches Element, dessen Wirksamkeit selbstverständlich auch innerhalb eines Meetingraums oder eines Klassenzimmers erhalten bleibt. Es kann in manchen Situationen jede Verbalität ersetzen; deswegen reden Fachleute auch nicht von »nonverbal« (als hätte nur diese Verbalität die Würde von Sprachlichkeit), sondern von »Move Talk«, weil damit tatsächlich ebenfalls gesprochen wird, und – jedenfalls in vertikal operierender Umgebung – dieser Move Talk mächtiger sein kann als jedes explizit formulierte Wort. Eine Moderatorin Steinhaus weiß das ganz genau und deshalb äußert sie erst einmal gar nichts verbal, wenn sie sieht, dass sich zwischen Spielern ein Konflikt anbahnt, sondern streckt den Arm aus und macht mit nach vorn aufgestellter Handfläche mehrfach eine beschwichtigende Bewegung. Meistens genügt das auch schon. Das haut rein.

Die Vollmachten der Frauen und Männer in schwarzer Hose gehen in der Regel weit über alle Möglichkeiten hinaus, über die Moderatorinnen und Moderatoren in Meetings mit streitbaren Parteien verfügen. Aber dass die einen von den anderen lernen können, ist offensichtlich. Eine Ilse Aigner und ein Chris Wallace hätten besser mal ein Training von Bibiana Steinhaus bekommen.

Dabei hätten sie deutlich identifizierbare Elemente kennenlernen können:

- Optisch unterscheidbare Signale der Rolle – ein Pendant zur Uniform der Schiris; und wenn es nur die ausdrückliche Wahl eines exponierten Sitzplatzes ist
- Nicht zufälliges Hineinrutschen in die Rolle; sondern intensive Vorbereitung auf die gegensätzlichen Positionen, die erwartet werden können

- Genaue Kenntnis der Regeln; im Zweifelsfall Erklärung der vorhersehbar besonders relevanten Regeln zu Beginn – aber immer auch mit den vorhersehbaren Sanktionen
- Unterscheidung zwischen persönlicher und Rollenebene; dann muss man Angriffe nicht gleich als verletzend empfinden
- Akzeptanz von Größe und Gewicht der eigenen Rolle; Äquivalent zum Schiri-Selbstverständnis »Ich bin die Chefin auf dem Platz und ermögliche das Spiel«
- Durchsetzung der Regeln ohne Ansehen der Person – auch gegenüber den Stars, auch gegenüber den Trainern
- Souveränes Aushalten deutlicher Ablehnungsreaktionen – das ist gar nicht Hass

Doch was heißt das nun für eine Firmenwelt? Sind solche Regeln tatsächlich übertragbar auf Unternehmen, Kliniken, Schulen, Meetings in der Fertigungshalle, ja Eltern- und Vereinsabende? Ein Parlamentspräsident hat doch ganz andere Sanktionsmöglichkeiten als eine Moderatorin in einem Vorstandsmeeting; ein Moderator kann nicht mit der Trillerpfeife jemanden vom Platz stellen; eine Lehrerin hat nicht die Wahl, störenden Schülern die rote Karte zu zeigen. Tja. Stimmt natürlich. Und auch wieder nicht.

# Kapitel 3

## Der aufgeschobene Herodot

### Wie man Schulstunden überlebt

## Max stört wieder

Die Aufgabe ist gestellt, aber irgendwie kapiert sie keiner. Die Zwölfjährigen erkundigen sich untereinander, was die Chemielehrerin gemeint haben könnte, entsprechend steigt der Geräuschpegel an. Die Lehrerin macht eine hilflose Handbewegung. Es ist einer der Schüler, der zu den anderen sagt: »Ruhe jetzt!«, und bedauernd den Kopf schüttelt, als das nichts nützt. Eine Gruppe von Schülern mit Max als ihrem Wortführer geht derweil nach hinten in den Raum und unterhält sich über etwas anderes.

»Ich möchte jetzt«, sagt die sichtlich genervte Lehrerin in hoher Sprechgeschwindigkeit und bereits leicht eingeschnappt, »… ich möchte wirklich gerne diese Gruppenarbeit mit euch beginnen, und wenn das so mühsam ist, euch überhaupt den Arbeitsauftrag erstmal zu erklären, können wir das auch gerne wieder abbrechen, und in die Schule in die Klasse gehen und einfach nur vom Buch irgendwelche Sachen abschreiben« (Großpietsch). Dann wird sie persönlicher: »Ich hab' mir so viel Mühe gemacht, das hier vorzubereiten, extra für euch, und ich dachte, dass wir das gemeinsam hinkriegen werden und auch endlich mal eine ruhige Gruppenarbeit gestalten können. Aber ihr kriegt's ja noch nicht mal hin, leise zu sein, während ich euch den Arbeitsauftrag erzähle! Also seid bitte jetzt einmal konzentriert« (a. a. O.). Davon kann im Folgenden aber keine Rede sein. Max eben …

Den »Arbeitsauftrag«? An dieser Diktion lässt sich unschwer erkennen, dass die Lehrerin noch nicht lange mit ihrer Ausbildung fertig ist; so redet man eben im Umfeld einer pädagogischen Hochschule. Dass Kinder diese Terminologie nicht erreicht, versteht sich eigentlich von selbst.

Wie Lehrkräfte ausgebildet werden und was sie selbst als normalen Unterricht empfinden, ändert sich von Generation zu Generation. Ebenso wie in der Personalentwicklung von Unternehmen folgen neue pädagogische Konzepte in modischen Wellen aufeinander. Nicht immer zum Nutzen der Betroffenen, Stichwort: Schreiben, wie man spricht. Im Gegensatz zu den Konzepten, die auf direktive Lehrkräfte und frontalen Unterricht setzten, hat es in den letzten zehn bis fünfzehn Jahren flächendeckend eine Bewegung hin zu moderierendem Vorgehen gegeben. Natürlich sollen die Schülerinnen und Schüler bestimmte Inhalte lernen – aber am besten dabei so begleitet, dass sie das selbst organisiert können, in kleineren Gruppen, mit Lehrkräften als Lernbegleiter, als Coachs, oder, nun ja, als Moderatorinnen. Wie bei der Chemielehrerin.

Diese Ansprüche an die Lehrerinnen und Lehrer kommen in der Regel aus der Kommunikationswelt, die die Soziolinguistik als »horizontal« bezeichnet hat, und die dementsprechende Absicht heißt: Eine Beziehung zu allen Schülern herstellen. Abstand verringern. Zuwendung zeigen. Was dann leicht in Abgründe führen kann, wenn es so persönlich und abstandslos verstanden wird, dass sich die pädagogische Rolle in nichts auflöst. Dann stellt sich die Lehrerin oder der Lehrer vor die Klasse und erklärt ihre eigenen Gefühle wie seinerzeit vor der WG, die ein Zimmer frei hatte, oder vor der Freundin, die man mit irgendwas enttäuscht hatte: »Ich hab' mir so viel Mühe gemacht.« Zweifellos. Aber so ein Max, undankbar wie er ist, reagiert darauf irgendwie nicht.

Die humanistische Psychologie der 70er-Jahre hat mit den Kommunikationsregeln von Ruth Cohn nicht nur unter Lehrkräften zu zwei beliebten Mantren geführt. Welche Einschränkungen die Erfinderin seinerzeit bei diesen Regeln selbst gemacht hat, sei einmal dahingestellt. Verbreitet hat sich inzwischen a) *Du sollst in der Ich-Form reden* (das wird dann als »authentisch« verstanden) und b) *Störungen haben Vorrang.* Im Schulkontext mit einem hohen Anteil von Kindern und Jugendlichen aus abwesenden Elternhäusern, kultureller Separation und psychischer Beeinträchtigung können sich Lehrkräfte damit allerdings selbst komplett lahmlegen.

Störungen haben Vorrang? Das kann bedeuten, dass eine grundsätzlich interessierte Mehrheit von der »störenden« Minderheit komplett dominiert wird. Und zwar dann, wenn der Umgang mit »Störungen« als nachfragend, verständnisvoll und explorativ verstanden wird, statt – sie abzuwehren. Damit bekommt dann ein Max für die Gruppe ebenso viel Gewicht wie die Lehrkraft. Die Störer hatten Vorrang, nicht die Störungen.

»Wir sind jetzt fertig mit der Gruppenarbeit«, teilt die Lehrerin sitzend mit (deswegen kann sie nicht mehr von allen Schülern gesehen werden). Und weil Max und seine Kumpels wieder so wenig mitgemacht haben, wird sie nun explizit pädagogisch: »… und jetzt möchte ich mit euch gemeinsam die Einteilung von Gruppe zu Gruppe besprechen und die Fragen dazu auch klären. Und ich versuche, euch immer zu verdeutlichen, dass … mir das wirklich ja keinen Spaß macht … und ich würde ja gern mit euch schönen Unterricht machen … und ich würde ja auch gern richtig lieb zu euch sein (sic) … aber ihr … so funktioniert es nicht.« Unruhe breitet sich aus. »Also, ich hab doch … Max!« Der redet schon wieder mit seinen Kumpels. »Ihr sollt jetzt nicht wieder in Privat … so … o. k.« Nun hat sie genug: »So …, zack, rüber … wir gehen jetzt« (a. a. O). Undankbare Bratzen. Sie wendet sich ab und geht zur Tür, schüttelt den Kopf (ihre Freunde reagieren immer darauf, komisch, die Kinder nicht), die Lautstärke nimmt zu, allgemeine Proteste. »Ich hab' euch jetzt heute schon fünfmal angemahnt!« Abgang. Das hat man davon, wenn »Beziehungskommunikation« in der Klasse gleichgesetzt wird mit Beziehungskommunikation, wie man das in der eigenen privaten Welt gewohnt ist.

Schulen sind in vielerlei Hinsicht ein extrem schwieriges Arbeitsumfeld. Lehrerinnen und Lehrer sollen soziale Zehnkämpfer sein, die sogar Eltern ersetzen können müssen. Manche schaffen das sogar, viele nicht. Die Berichterstattung über die eine oder andere Modellschule kann nicht darüber hinwegtäuschen, dass der durchschnittliche Schulbetrieb ächzt und stöhnt und alles andere als rundläuft. Wer in diesem Kontext freiwillig arbeitet, hat einen echten pädagogischen Eros und eine unglaubliche Resilienz oder hat sich verhältnismäßig naiv darauf eingelassen. In der Regel fehlt es in diesem System sowohl an Geld wie auch an ausgereiften Konzepten. Wenn in dieser ohnehin überbelasteten Situation zusätzlich eine Pflicht zur Inklusion (oft ohne zusätzliches Personal!) verordnet wird, kann der Effekt noch lähmender sein. Objektiv also ein wirklich herausforderndes Arbeitsfeld, weil die Gesamtorganisation schon derartig schiefliegt.

## Selbst gemachte Hindernisse

Doch bei aller struktureller Unwucht des Systems gibt es auch noch den Faktor der von Lehrkräften selbst gemachten Hemmnisse.

Denn der störende Max ist, wie der Igel für den hoch motivierten Hasen, auf nervige Weise überall. Erfahrene Lehrkräfte wissen, dass es die Auseinandersetzung mit den Mäxen ist, die über ihren Unterricht entscheidet, und nicht, ob der Lehrplan offiziell eingehalten wurde. Egal, ob aus nackter methodologischer Ohnmacht oder aus einem irrigen Verständnis von Höflichkeit heraus: Die Unhöflichkeit von Schülern dem Rest der Klasse gegenüber hat massive Auswirkungen, oft bis zur kompletten Blockade.

Gehen wir einmal von der nicht originellen Hypothese aus, dass Max eher aus dem vertikal auftretenden System kommt (natürlich könnte auch manche Laura da herkommen). Dann muss er zuerst Rang- und Revierfragen klären, bevor er inhaltlich werden kann. Das muss man ihm gar nicht vorwerfen, sondern einfach urteilslos annehmen. Wenn ein Max ohne diese Ouvertüre sofort mit inhaltlichen Informationen oder mit Zugehörigkeitsbotschaften à la »ich hab' mir so viel Mühe gemacht … extra für euch« konfrontiert wird, wird Max nicht erreicht. Er wird dann irgendetwas tun, um das auch auszudrücken. Allerdings wird es ziemlich sicher nichts sein, was mit einem Unterrichtsthema zu tun hat.

Während horizontal kommunizierende Lehrkräfte sich mit dem Betreten des Klassenzimmers sofort um inhaltliche Aussagen kümmern, wie beispielsweise um das Wiederholen des Stoffes, warten die Mäxe noch auf etwas anderes, etwa auf eine Rangklärung (deren Bedeutung horizontal interessierte Leute nur mit Mühe nachvollziehen) oder eine territoriale Aktion. Wenn nichts dergleichen erfolgt, ist die Zuhörfähigkeit von Max wahrscheinlich einfach nicht aktiviert worden. Die communityorientierten Schülerinnen und Schüler sind zwar auf Empfang. Aber das nützt der Lehrkraft nur wenig, weil Max und seine Kumpels den zuhörbereiten Rest stören. Man kann sich vorstellen, was das für eine Schulstunde wird.

Lehrerinnen und Lehrer, die sich in einer Moderationsfunktion als Lernbegleiter verstehen, nicht als autoritäre Instanz, sollten sich dennoch darüber im Klaren sein, dass diese Moderationsaufgabe zunächst in der Sicherstellung eines für alle gerechten Lernraums besteht. Auch ein Max darf ihn nicht kaputtmachen (so belastend etwa auch Max' persönliche Erziehungssituation zu Hause sein mag). Störungen haben nicht einfach Vorrang – sie müssen wahrgenommen werden, zweifellos, aber sich ihnen widerstandslos zu ergeben, wäre ein absurdes Missverständnis von Moderationsethos. Die Sicherstellung eines ungestörten und angstfreien Lernens für die Mehrheit ist grundsätzlich wichtiger.

Am Beispiel von Max und seiner Lehrerin lässt sich auch schön zeigen, auf welchen sprachlichen Ebenen große oder kleine rangorientierte Vertreter erreicht werden können, wenn deren Aufmerksamkeit gegen null geht oder offene Aggression ausbricht. Denn sie eskalieren in der Regel geläufig von der dann niedrig energetischen Ebene des »High Talk« zur nächst wirksamen, dem »Basic Talk«.

High Talk ist genau das Level, auf dem sich herkömmliche Schulsysteme am liebsten aufhalten. Hier wird argumentierende und begründende Sprache trainiert, so differenziert wie möglich. High Talk ist ausschließlich intellektuell und verbal. Dass ein virtuoser High Talk schriftlich wie mündlich das völlig legitime Ziel von Unterrichten ist, steht außer Frage.

In einer konfliktiven Konfrontation mit einem Max ändert sich aber das Spiel schlagartig, das ist bei einem Max genau so wie bei einem Pence oder dem Chef der schottischen Nationalpartei. Denn ein Max wechselt dann auf die kommunikativ wirksamere Ebene des Basic Talk, wo eine extreme verbale Verknappung stattfindet: »Das juckt kein Schwein!«, sagt dann so ein Max. Wenn er nicht noch drastischer wird. Falls die Lehrerin nun wortreich noch einmal den Stoff erklärt oder mit Beziehungsbotschaften antwortet, bekommt sie von Max wieder dieselbe Formel zu hören oder ein Äquivalent: »Wen juckt das.« Basic Talk muss nicht das Geringste mit einem eben besprochenen Thema zu tun haben, es muss weder sachlich noch originell sein, nur kurz, nur einfach. Und im Zweifelsfall mehrfach wiederholt. Am besten laut. Am besten langsam. Basic. Viele Lehrkräfte verachten genau diesen Basic Talk. Nur nimmt ihm das nichts von seiner enormen Wirkung. »Wen juckt das« – als Reaktion auf diese Headline ist doch wohl kaum die Strukturanalyse eines Moleküls angebracht? Oder ein Hinweis auf Herodot.

Vermutlich wird der kleine Pence das kombinieren mit einem Element der nächsten Eskalationsstufe, dem »Move Talk«, wo nur noch der Körper im Raum spricht. Also schubst Max die Schultasche von seinem Tisch, schlägt mit dem Lineal auf seinen Tisch oder er steht auf und macht Miene, durch den Raum zu wandern. Natürlich bekommt er damit auch die interessierte Aufmerksamkeit der anderen kleinen vertikal Interessierten im Raum, Vorhang auf! Spätestens jetzt dürfte offensichtlich sein, dass der High Talk erst einmal nichts nützt, den die Lehrerin so bevorzugt.

Stattdessen gilt die Regel der Reaktion auf derselben Ebene. Wenn ein Max Basic Talk macht, erreicht ihn am ehesten auch eine Antwort mit Basic Talk. Wenn er Move Talk umsetzt, ist, logisch, ebenso Move Talk erforderlich, nicht das verzweifelte Festhalten an liebgewonnenen Argumentationsketten. Das ist nicht einmal eine sonderlich komplizierte Kampfkunst, sondern höchstens ungewohnt.

Also aufstehen. Arme choreografisch bewegen (ohne zu fuchteln). Hände ausstrecken, mit Fingern zeigen, Hingehen. Und alles ohne Hektik. Dann die Kombination mit Basic Talk: »Das juckt alle …«, und ruhig nochmals (auch wenn es sich unangenehm unoriginell anhört): »Das juckt alle«, wenn nötig, ein drittes Mal (doch, doch), vielleicht sogar, beziehungsorientiert, wie Sie sind: »Das juckt alle … auch Max.«

Und erst wenn die Aufmerksamkeit wieder hergestellt ist, darf der High Talk zurückkommen. Mitsamt dem Molekül. Oder mit Herodot.

# Kapitel 4

## Das Orakel aus Reihe 1

### Wie man Meetings zugrunde richtet

## Die Entscheidungen der Stars

Große Architekturbüros sind eigene Welten mit oft kastenähnlicher Organisation. Die Bauzeichnerinnen und -zeichner, die zahllosen Praktika-Leute, Assistenzkräfte, die Zuständigen für die Bauleitung, und ganz oben der Olymp der – meist älteren – Stars, die ihre kühnen Konstruktionen weltweit aufrichten.

Meetings finden natürlich laufend statt, oft unter Zeitdruck. In einer dieser architektonischen Riesenfirmen sah das regelmäßig so aus: Die Bestuhlung war wie im Kino auf eine Wand mit einem Riesenbildschirm hin ausgerichtet, in engen Sitzreihen zu je zehn Stühlen. In der ersten Reihe saßen die fünf Seniorpartner – sodass zwar Plätze frei blieben, sich aber niemand sonst traute, dort Platz zu nehmen. In den Reihen dahinter kamen die untergeordneten Architektinnen und Architekten und der Rest der Mitarbeitenden. Auf dem Bildschirm erschienen die Plandetails der Bauprojekte, bei denen es etwas besonders Erfreuliches oder Schwieriges zu besprechen gab.

Das besprachen aber nur die fünf Herren in der ersten Reihe unter sich. Und zwar in so leisem Ton, dass die hinteren Reihen schon gar nichts mehr hören konnten. Nur dann, wenn den Chefs gar nichts zum vorliegenden Problem einfiel, warf jemand von ihnen laut eine Frage in den Raum, aber an niemanden persönlich und schon gar nicht namentlich adressiert. Dazu drehten sie sich auch nicht extra um.

Die »Moderatorin« – doch, die gab es tatsächlich – erteilte dann, nachdem sie aufgestanden war, jemandem das Wort, die oder der sich mit dem fraglichen Projekt auskannte. Dann sagte diese Person etwas dazu, es gab noch ein oder zwei Nachfragen aus Reihe eins (immer ohne den Kopf zu wenden). Schließlich wieder Gemurmel unter den Seniorpartnern, bis einer von ihnen nur »o. k.« sagte, woraufhin die Details des nächsten Bauvorhabens auf dem Bildschirm erschienen. Offenbar war in Reihe eins irgendetwas entschieden worden. Aber was genau, hatte niemand im Raum mitbekommen können. Die Moderatorin hatte sich nach dem bedeutsamen »o. k.« gleich wieder gesetzt. Wenn das Meeting vorbei war und die Seniorpartner den Raum frohgemut verlassen hatten, drängelten sich alle um die Moderatorin, weil sie am ehesten mitbekommen hatte, was die fünf Machthaber zum jeweiligen Projekt nun tatsächlich entschieden hatten.

Wie viel Reibungsverlust ein derart strukturiertes Meeting erzeugt, ist Außenstehenden sofort klar. Als mir eine Gruppe von Betroffenen davon erzählte, weil sie von diesen Meetings zutiefst frustriert waren, überlegten wir gemeinsam, wie sich jemand aus den hinteren Reihen bei dem Fünfer-Club überhaupt bemerkbar machen und erreichen konnte, dass man ihr oder ihm wirklich zuhörte. Erst im Verlauf unseres Gesprächs stellte sich bei einer der Teilnehmerinnen heraus, dass sie selbst diese Rolle der »Moderatorin« hatte. Sie hatte sich ganz selbstverständlich in den Rest der Gruppe eingereiht.

Mir waren schon die ganze Zeit die Blicke aufgefallen, die der Rest der Anwesenden dieser Frau zuwarf, nämlich alles andere als freundliche. Offensichtlich war sie von den anderen gerade nicht als Teil der Betroffenen gesehen, sondern zur Seite der fünf Chefs gerechnet worden. Während sie selbst sich wohl als genauso fremdbestimmt erlebte. Aber auch ihr schwante, dass etwas an ihrem Verhalten nicht in Ordnung war, also spielte sie dessen Bedeutung möglichst herunter (»die machen sich schon ganz detaillierte Notizen« oder »ihr könnt gar nicht sehen, wie hoch konzentriert die sind«; die Chefs nämlich) und versuchte, sich in der Gruppe zu verstecken.

Sie selbst war eine Frau um die fünfzig mit einem immer wieder deutlich resignativen Gesichtsausdruck. Als Architektin war sie ohne Zweifel hoch kompetent. Sie sagte von sich selbst, sie sei schon so lange da, dass sie »quasi zum Inventar« gehöre. Seniorpartnerin war sie aber bezeichnenderweise nie geworden. Und nun war sie in dieser ambivalenten Sandwichposition gelandet.

Ihre Rolle in diesen Meetings als die einer »Moderatorin« zu bezeichnen (sie selbst machte das laufend), war ein Euphemismus. Faktisch war sie nur eine Erfüllungsgehilfin für die Fünf. Sie sah nicht einmal die Möglichkeit, das allerdrängendste Problem anzugehen, nämlich die leise Sprechweise der ersten Reihe mit dem Effekt, dass kaum jemand etwas von dort hören konnte.

Während sie sich eher als Opfer einordnete, war es andererseits offensichtlich, wie großartig sie es doch insgeheim fand, dass nach dem Meeting alle zu ihr kommen mussten und sie die Übersetzungsfunktion für die im Olymp getroffenen Beschlüsse innehatte. Im Grunde verhielt sie sich auf eine leise Weise korrupt. Aber konnte man ihr das zum Vorwurf machen in diesem Firmensystem?

Mit der Schilderung dieser Szene sind wir mitten in der Problematik von Moderation in Firmenmeetings gelandet. So ist das da draußen. Moderation ist nie einfach harmlos oder so etwas wie ein mehr oder weniger zufällig verliehenes Ehrenamt. Je schwieriger und je ineffizienter ein Unternehmenssystem geworden ist, umso größer werden die Anforderungen an diese Rolle.

## Lähmung von Produktivität

Die Unternehmensberatung Proudfoot Consulting veröffentlicht globale Produktivitätsstudien, in denen die Faktoren untersucht werden, die Effizienz steigern oder zerstören. In einer der letzten Studien stellt Proudfoot fest, dass Beschäftigte durchschnittlich pro Jahr 84 Arbeitstage mit sinnlosen Tätigkeiten verschwenden. Als besonders relevanter Faktor dafür wurden dabei Meetings ausgemacht. Bei 150 Meetings, die Proudfoot analysiert hat, kam Folgendes heraus: »Für die Hälfte der Zusammenkünfte war keine Tagesordnung vorbereitet, geschweige denn den Meetenden zur Kenntnis gebracht worden; ebenfalls in der Hälfte der Fälle irrten die Teilnehmer zur falschen Zeit an den richtigen oder zur richtigen Zeit an den falschen Ort. Es fehlten wichtige Kollegen, weil sie bei der Einladung schlicht vergessen wurden, oder die Treffen endeten nach langer fruchtloser Debatte ohne Protokoll, Plan und Entscheidung« (zit. nach Deckstein). Ohne Tagesordnung, fruchtlose Debatte, keine Protokolle, kein Plan, keine Entscheidung – man könnte auch sagen: ohne Moderation.

Wenn von solchen kommunikationsbehindernden Faktoren die Hälfte (!) aller Meetings betroffen war, wird das Phänomen ganz offensichtlich zu einer relevanten betriebswirtschaftlichen Größe.

Die Schweizer Doodle AG hat das sogar einmal in direkte finanzielle Eckdaten umgerechnet. Unter der optimistischen Annahme, dass Berufstätige jede Woche mindestens zwei Stunden in sinnlosen Meetings verlieren, schätzte Doodle den damit entstehenden Verlust pro Jahr in der Schweiz auf 33 Milliarden Dollar, in Großbritannien auf 58 Milliarden Dollar, in Deutschland auf 73 Milliarden und in den USA auf 399 Milliarden Dollar (Doodle State of Meetings Report). Die Verschwendung von Know-how, Arbeitszeit, Motivation und Ressourcen durch solche desaströsen Meetings erreicht damit eine Größenordnung, die fast schon volkswirtschaftliche Auswirkungen hat. Allein deshalb muss man sich schon fragen, woran das liegt.

Ich fürchte, wir reden hier in erster Linie tatsächlich von den Führungskräften. Bei ihnen gibt es vor allem zwei Größen, die zu einer derartigen desaströsen Kultur führen: Stress und Selbstüberschätzung.

Die Selbstüberschätzung liegt in der naiven Idee, alles zu können, weil man in einem bestimmten Gebiet ein besonderes fachliches Know-how hat. So gelangen dann hervorragende Fachleute eines Spezialgebiets (in unserem Fall die Architektur – aber genauso gut Forschung, Geisteswissenschaften oder Technik) in die Rolle einer Führungskraft, ohne je dafür ausgebildet worden zu sein. Für ihre fachlichen Verdienste hatten sie ja wahrscheinlich viel Zuspruch erhalten. Dass diese Verdienste aber für das Management von Gruppen, für die finanzielle Steuerung großer Einheiten oder für den Umgang mit Mitarbeitenden – und damit auch für die produktive Gestaltung von Meetings – gar nichts bedeuten müssen, wissen sie oft nicht einmal. Die fünf Architekten aus der ersten Reihe befinden sich in ihrer eigenen kleinen Blase, ohne jedes Bewusstsein, welche Kompetenzen ihnen fehlen.

Dass sie das alles in einem stressigen und hoch kompetitiven Umfeld erleben, ist im Grunde nichts Besonderes. So ist das nun mal in einem wettbewerbsintensiven Markt. Aber Stress bedeutet eben auch, Prioritäten unter Zeitdruck zu setzen. Und genau diese Prioritäten setzen die Leute mit Spezialisten-Know-how oft bei den hard facts ihres Fachgebiets, und gerade nicht bei den vermeintlichen soft facts von Personalfragen und schon gar nicht beim eigenen Kommunikationsverhalten

Es gibt eigentlich nur drei Faktoren, die an diesem beschränkten Mindset realistisch etwas verändern können. Appelle von Mitarbeitenden zählen leider eher nicht dazu.

Der eine Faktor ist ein plötzlicher wirtschaftlicher Einbruch, der das gesamte System brutal dazu zwingt, alle Gewohnheiten auf den Prüfstand zu stellen. Der zweite Faktor ist eine vorgesetzte Instanz, die im Sinn eines kritischen Aufsichtsrats das Management beobachtet und wohlwollend-distanziert begleitet. Und die dritte Instanz wäre tatsächlich die Moderatorin oder der Moderator solcher Meetings.

Denn diese Moderationsfunktion darf durchaus auch die Chefs zur Ordnung rufen, die sie eingesetzt haben. Wenn jemand nicht zuhört, darf sie darauf reagieren. Wenn jemand andere im Raum übergriffig behandelt, darf sie das stoppen – auch wenn es ein Chef ist (Näheres dazu siehe Kapitel 8). Sie ist für die gedeihlichen Regeln verantwortlich. Wenn die Chefs das nicht wollen, darf sie diese Rolle auch zurückgeben.

Wie hätte eine Verbesserung des Settings mit orakelnden Seniorpartnern in Reihe 1 aus der Sicht der Moderatorin aussehen können? Dabei richten wir unser Augenmerk nicht auf die an sich bereits problematische Geschichte einer Architektin, die hier nicht zufällig nie Partnerin geworden war, sondern allein auf ihre Funktion.

Nicht nur gegenüber den vertikalen Vertretern in Reihe 1, sondern auch gegenüber denen im »Publikum« ist es ausschlaggebend, dass immer wieder die Rangfragen explizit geklärt werden. Und dass reichlich Gebrauch gemacht wird von Basic Talk und Move Talk (auch wenn Leute mit einem akademischen Hintergrund das völlig überflüssig oder bizarr finden). Konkret hieße das für unseren Fall der architektonischen Festspiele, dass die Moderatorin sich nie (!) hinsetzt, sondern so viel Raum wie möglich einnimmt und zwar möglichst weit vorn, für alle sichtbar, auch für die Jungs in Reihe 1. Ihre Bewegungen sollten an ihrem Standplatz nicht schnell sein, ihre Diktion ebenso wenig. Sie erteilt das Wort (mit ausdrücklicher Namensansprache auch derer aus Reihe 1); wenn sich jemand nicht daran hält – auch aus Reihe 1 –, dann klärt sie das freundlich, aber resolut: »Einen Moment – hier war erst eine andere Wortmeldung«. Wenn jemand zu leise redet aus Reihe 1, dann stellt sie einfach neutral (nicht verlegen, nicht verärgert, nicht giftig, sondern überlegen, ruhig und souverän) fest, und zwar laut: »Das war zu leise, bitte nochmal etwas lauter.«

Falls es tatsächlich zu einem Rollenkonflikt vor allen Anwesenden kommt (wenn zum Beispiel der mächtige Silberrücken aus Reihe 1 irgendwann mault: »Das muss schneller gehen, diesen Quatsch brauchen wir nicht«), dann sollte die Moderatorin cool bleiben und sich komplett hinter ihrer Rolle verschanzen: »Du bist der Seniorpartner … ich bin die Moderatorin … und anders geht es nicht.« Oder ähnlich. Gegebenenfalls muss dieses kurze Statement freundlich, aber unnachgiebig wiederholt werden. Jedenfalls sollte sie bloß nicht anfangen, sich detailliert zu rechtfertigen oder um die Zuneigung des Störers betteln! Interessanterweise bekommt man genau auf diese Weise den Respekt der vertikal kommunizierenden Fraktion …

Es ist sehr wahrscheinlich, dass sich das Verhältnis der fünf Herren in der ersten Reihe zur Moderatorin ändern wird oder dass irgendwann genauer über den formalen Ablauf solcher Meetings geredet werden wird. Die Wahrscheinlichkeit aber, dass das der Moderatorin in diesem Architekturbüro zum Nachteil gereicht, ist nicht groß.

## Moderation als Flucht

Frau Penzing hat ein ganz anderes Problem. Sie leitet zusammen mit ihrer Schwester einen mittelständischen Betrieb, der Isolierungen für die Automobilbranche herstellt. Es gibt eine große Nachfrage, das Geschäft läuft eigentlich gut, aber die Chefin macht sich etwas Sorgen wegen der aggressiven Konkurrenz. Angesichts dieser schnell agierenden Rivalen im Markt würde sie sich wünschen, »dass wir schneller entscheiden könnten«.

Als ich nähere Details wissen möchte, zeichnet sich das Bild einer sich selbst lähmenden Besprechungskultur ab: »Wir verhaken uns unendlich lange Zeit in Fachdiskussionen, ohne Geld damit zu verdienen. Wenn es um ein neues Produkt geht, sind die Fronten zwischen Technik und Vertrieb so verhärtet, dass nichts mehr läuft. Ich weiß gar nicht, warum wir uns dann nicht für die eine oder andere Variante von Isolation entscheiden können. Wir sind dann immer mit derart viel Emotion dabei, alle, die im Raum sind… Als der Vertrieb letzthin mit der Idee einer neuen Isolation ankam – die kriegen ja am ehesten mit, was die Kunden brauchen –, hatte ich eine 360-Grad-Analyse gemacht und damit die Sitzung eröffnet. Ich hatte ausdrücklich gesagt, dass die Geschäftsführung offen für alle Varianten ist. Und schon war das Meeting an der Wand. Ich habe das moderiert, aber sofort waren die Fronten wieder da. Meine Schwester und ich saßen uns gegenüber im Raum, wir haben uns nur angeschaut und den Kopf geschüttelt. Nach fünf Minuten hab' ich mir gedacht: Ich geh jetzt gleich. Meine Moderation ist für die Katz. Die kapieren auf beiden Seiten einfach nicht, dass wir ein Problem mal sachlich und ohne Vorurteile anschauen müssen. Die Technik sucht sich dann ein Herstellungsdetail heraus und hackt darauf herum, warum das nicht zu machen ist. Jede Seite bringt dann irgendein Detail, mit dem man schon mal zu tun hatte und wo es auch nicht funktioniert hatte und schon ist Schluss. Ich versuche dann, wenigstens auf einen respektvollen Ton in der Diskussion zu achten, aber es kommt wieder nur ein Patt raus.«

Als mir Frau Penzing das erzählt, ist sie wirklich bekümmert. So viel Fachwissen am Tisch und nie ein Ergebnis! Als ich sie frage, was sie eigentlich die ganze Zeit meint, wenn sie immer nur von »wir« im Meeting redet, und nie von »ich« oder »meine Schwester und ich«, sagt sie ganz erstaunt: »Ja, wir sind eben alle ein großes Team. Wir machen nun mal alles gemeinsam … es ist ein sehr familiärer Umgangston in der Firma, und da sind wir auch stolz drauf!« Genauso formulieren es die Protagonisten eines »horizontalen« Systems, wie es Deborah Tannen bezeichnet. Für diese »horizontal« Orientierten geht es in erster Linie überwiegend um Zugehörigkeiten – alle sind eben »ein Team«, »eine Familie«, eine »band of brothers and sisters« – und um die Inhalte. Rang-, Revier-, Machtfragen oder so etwas wie Rollenklärungen empfinden sie als verzichtbar, wenn nicht sogar als zurückgeblieben, unhöflich und eher peinlich.

Frau Penzing macht offensichtlich keinerlei Unterschied zwischen sich als Gesamtchefin und einer Moderatorin. Entscheidungen hat sie an die Gesamtgruppe delegiert und die Tatsache, dass sie die Geschäftsführerin ist, ist ihr eher unangenehm. Willkommen in einer Gesprächskultur, wo alle zu Wort kommen! Allerdings in diesem Fall nur, um damit auf der Stelle zu treten.

Ich frage sie etwas gemein: »Wie kommen Sie auf die Idee, dass Sie Techniker und Vertriebler *nicht* steuern müssten?« Diese Frage versteht sie gar nicht.

Experten und Expertinnen sind oft nicht in der Lage, etwas zu entscheiden. Von ihnen lebt jede und jeder in einer kleinen Expertise, die sich womöglich mit einer anderen, ebenso begrenzten Expertenwelt nicht verträgt. Und wenn angesichts des Streits der Experten, etwa aus Vertrieb oder Technik, die Person, die per definitionem die Geschäfte der ganzen Firma führt, schweigend am Tisch sitzt oder sich bestenfalls als Moderatorin versteht, die nur den höflichen Umgangston garantiert, ist die Blockade in der Sache vorherzusehen. Das ist zu wenig für die Rolle der Chefin, die selbstverständlich ein Interesse an konkreten Ergebnissen haben darf, weil sie dafür da ist, »die Geschäfte zu führen«. Es ist aber auch zu wenig für die Moderatorin, die über den Kommunikationsstil hinaus auch noch ein anregender Faktor sein darf, also viel mehr als eine passive Beobachterin.

In Wirklichkeit hat sich hier die Seite, die nicht nur das Recht, sondern sogar die Pflicht zur Entscheidung hat, hinter einer Moderationsrolle geradezu versteckt. In der Hoffnung, dass sich die Kontrahenten von allein einigen, hat die sogenannte »Moderatorin« alles so lange laufen lassen, bis sich auf allen Seiten Frustration ausgebreitet hatte. Statt einfach festzustellen: *Danke für Eure Informationen, jetzt überlege ich es mir und entscheide.* Und stecke es weg, wenn es bei manchen »Experten« Enttäuschungen gibt.

Die Furcht, eine Entscheidung selbst zu treffen, statt es auszuhalten, dass diese Entscheidung tatsächlich auch Konsequenzen hat (und am Ende vielleicht sogar falsch war), ist die denkbar schlechteste Bedingung für die Übernahme einer Leitungsaufgabe. Eine Moderatorin oder ein Moderator muss tatsächlich inhaltlich nichts entscheiden (es sei denn, sie wurden dazu ausdrücklich ermächtigt). Aber Führungskräfte schon. Deshalb werden sie besser bezahlt, deshalb haben sie ihre Führungsposition auf der Visitenkarte stehen. Wenn man das nicht erträgt, sollte man auf eine Führungsrolle verzichten. Eine Managementposition zu übernehmen und dann nicht in der Lage zu sein, ein eindeutiges Ja oder Nein zu äußern, ist ein katastrophales Indiz für die falsche Rolle. Dann lieber zurück zur Rolle der Spezialistin oder des Spezialisten, die oder der nur die Verantwortung hat für das eigene Sachgebiet, aber nicht für Mitarbeitende.

Allerdings darf man schon fragen, ob diese Befürchtungen am Ende nicht sogar eine Moderationsrolle unmöglich machen, für die ja auch eine spezifische Furchtlosigkeit nötig ist.

Wenn mich eine Abteilungsleiterin oder ein Firmenchef anruft, weil es mit einem Mitarbeiter ein Problem gibt, und dann bittet, das »zu moderieren«, ist jedenfalls eines sofort klar: Dass es um viele Fragen gehen mag, nur nicht um Moderation. Viel wahrscheinlicher geht es um die Kompetenz oder Inkompetenz der Führungskraft selbst.

# Kapitel 5

## Die dienenden Machthaber

Was Moderation mit Entscheidung zu tun hat

## Mediation nach Mamas Tod

Wolfgang ist der Bruder von Brigitte und die Geschwister hassen sich herzlich. Daran war nicht zuletzt ihre Mutter schuld, die die beiden schon als Kinder willkürlich und unvorhersehbar mal drangsaliert, mal mit Zuneigung überschüttet hatte, aber regelmäßig gegeneinander ausspielte. Inzwischen sind beide erwachsen geworden und haben ihre gegenseitige Abneigung seit Langem kultiviert. Doch nun ist der Fall eingetreten, den beide ebenso herbeigesehnt wie befürchtet haben: Mama ist tot. Und bei allem, was sie Mama auch vorwerfen können, steht jedenfalls fest, dass Mama eine reiche Mama war. Und als letzten Gruß aus dem Grab, sozusagen als Drehbuch für noch tiefere Zerwürfnisse, hat sie kein Testament hinterlassen.

Beiden Erben ist klar, bei aller wechselseitigen Abstoßung, dass diese Situation zu jahrelangen erbrechtlichen Auseinandersetzungen führen kann, mit allen vorhersehbaren gerichtlichen und anwaltlichen Kosten. Und darum schlägt Brigitte, mit einem gewissen Widerwillen, ihrem Bruder eine Mediation vor, mit deren Hilfe das Erbe aufgeteilt werden soll. Wolfgang ist skeptisch, aber er willigt doch ein, als ihm bewusst wird, dass das viel billiger wird, als Dauergast bei Gericht zu werden.

Dass er es nicht über sich bringen würde, mit seiner miesen Schwester direkt Verhandlungen zu führen, weiß er. Aber mit einem professionellen Vermittler? Man kann's ja mal ausprobieren. Lieber den oder die als Brigittes unerträgliches Auftreten. Auch Brigitte würde die wiederholte Anwesenheit ihres unsäglichen Bruders im selben Raum nur schwer aushalten. Aber mit einer Mediation würde ihr das ja womöglich erspart bleiben.

Auch wenn es inzwischen eine verbreitete Begriffsunschärfe gibt, wird schon an dieser innerfamiliären Miniatur deutlich, dass eine sogenannte Mediation zwar Elemente einer Moderation hat, aber auch klare Unterschiede.

Für eine Mediation braucht es zwei (mindestens zwei) zerstrittene Parteien. Oder Opponenten, die eine schwere Auseinandersetzung befürchten müssen.

Dann benötigt man eine Mediatorin oder einen Mediator, auf die oder den sich beide Seiten freiwillig (!) einigen. Bereits daran zerschellen viele Mediationsversuche. Und schon an dieser Bedingung wird auch klar, dass eine Mediation etwa bei einem innerbetrieblichen Streit zwischen Mitarbeitenden und Vorgesetzten das falsche Instrument ist.

Die Mediationsperson schlägt dann vor, wo, wie oft, in welcher Weise und mit welcher Vorbereitung man sich trifft. Sie achtet akribisch und unparteiisch darauf, dass dieses vereinbarte Verfahren eingehalten wird (ein Coaching wäre parteiisch im Sinne *einer* betroffenen Seite!).

Am Ende entscheidet nicht etwa die Mediatorin oder der Mediator über den Streitgegenstand; so etwas wie den Schiedsspruch einer übergeordneten Instanz gibt es nicht. Es sind allein die Wolfgangs und Brigittes, die sich, wenn alles klappt, einvernehmlich geeinigt haben. Das wird dann feierlich aufgeschrieben. Mediatorin oder Mediator stellen ihre Rechnung. Und wenn sie nicht gestorben sind …

Soweit die Idee. Das Verfahren kann grundsätzlich bei allen möglichen Streitfragen eingesetzt werden: Trennungen und Scheidungen, Auseinandersetzungen zwischen Firmen oder internen Abteilungen usw.

Scheitern kann eine Mediation auf vielerlei Weise: wenn Wolfgang das Gefühl nicht los wird, die Mediatorin bevorzuge Brigitte; wenn Brigitte den Mediator als eher lächerlichen Domestiken sieht; wenn die Mediatorin oder der Mediator zwar inhaltlich kompetent ist, sich aber ansonsten mit dem Protokollieren vergangener Sitzungen begnügt.

Im Unterschied zur Mediation geht es bei einer Moderation um eine ganze Gruppe mit im Zweifelsfall so unterschiedlichen Partikularinteressen, wie es Anwesende gibt. Zwar gibt es ein gemeinsames thematisches Interesse oder eine thematische Vorgabe, aber nicht zwangsläufig einen Konflikt (obwohl es dazu durchaus noch kommen kann). Hinzu kommt ein oft vorhandenes – wenn auch nicht immer thematisiertes – strukturelles hierarchisches Gefälle innerhalb der Gruppe und sowieso extrem unterschiedliche Know-how-Levels bei allen Beteiligten. Der zeitliche Rahmen kann bei Moderationen im Vergleich mit Mediationsprozessen sehr kurz sein: ein, zwei

Meetings, eine Konferenz, Ende; anstelle von monate-, ja jahrelangen mühsamen Einigungsprozessen.

Auch beim Kriterium der Freiwilligkeit sieht es in der Regel ganz anders aus als bei einer Mediation: wenn die Chefin oder der Chef Zeitpunkt und Thema eines Meetings festgelegt hat, kann man nicht einfach wegbleiben. Die Rolle der Moderatorin oder des Moderators wird oft alles andere als gemeinsam gewählt. Immer wieder ist es sogar eine organisationsfremde Person, die die internen Vorgeschichten nicht kennt oder einordnen kann. Die Festlegung auf die moderierende Person ist in der Regel bereits Ausdruck eines politischen Vorgangs, auf den die Anwesenden wenig Einfluss haben (oft nicht einmal die Kandidatin selbst); übrigens auch dann, wenn bei der Auswahl der Moderatorin oder des Moderators eine demonstrative Nachlässigkeit vorgeführt wird und sie damit von der ersten Sekunde an demontiert ist: Wenn's Karl nicht macht, dann halt Ellen. Oder Mike. Oder … egal.

Allerdings entscheidet auch die Moderationsfunktion nichts aus eigener funktionaler Möglichkeit oder Verpflichtung. Sie kann den Anwesenden Anregungen geben und Entscheidungen nahelegen, steht aber ansonsten vor allem für die Einhaltung der Regeln ein, nicht zuerst für Inhalte. Parteiisch darf auch sie nicht sein.

Ganz anders als bei einer Mediation kann eine Moderation jedoch unter ziemlich engem zeitlichem Druck stehen, vor allem in einer Krise. Es gibt hier seltenst einen völlig offenen Ergebnishorizont. Stattdessen herrscht oft ein erheblicher Erwartungsdruck.

Vertraulichkeit ist in einer Mediation von zentraler Bedeutung; wird sie verletzt, führt das in vielen Fällen zu einem schnellen Ende der ganzen Angelegenheit. In einem Moderationsgeschehen hingegen ist Diskretion in der Regel nicht zu haben, im Gegenteil: was die Moderatorin oder der Moderator im Meeting, auf der Konferenzbühne oder im Plenarsaal tut, ist für alle sofort sichtbar und alles andere als diskret zu handhaben.

Eine Mediatorin oder einen Mediator innerhalb eines laufenden Klärungsprozesses auszutauschen, ist extrem schwierig, weil sich die zerstrittenen Beteiligten nur wegen ihres Vertrauensvorschusses an die Mediationsperson einigermaßen zurückhalten. Dafür ist eine gewisse Stabilität unverzichtbar.

Bei der Moderation eines Gruppenprozesses hingegen, etwa in einem Projekt oder in regelmäßig wiederkehrenden Meetings, kann der Moderationsauftrag grundsätzlich auch wechseln, das heißt, immer von jemand anderem wahrgenommen werden. Wie effizient das tatsächlich ist, steht auf einem anderen Blatt, aber es kommt immer wieder vor. Nur am Rande sei noch erwähnt, dass die Aufgabe von jemandem, die oder der ein Meeting protokolliert, überhaupt gar nichts mit der Person zu tun hat, die oder der die Besprechung oder die Parlamentssitzung moderiert. Die Blackbox im Flugzeug hat eine andere Funktion als die Pilotin oder der Pilot.

## Entscheidung im Brandfall

Für Moderationsfunktionen wie auch für Führungskräfte ist dabei eine Unterscheidung hilfreich, die der Ingenieur Bernhard Denne über Meetings trifft. Denne ist nicht nur Professor an einer Hochschule, sondern in seiner Freizeit auch Mitglied der Freiwilligen Feuerwehr. In diesem Umfeld hat er laufend mit schnellen Entscheidungen zu tun, deren Ausbleiben drastische Folgen haben kann – dauert das Meeting zu lange, ist das Haus eben abgebrannt. Dieser Erfahrungshintergrund hat ihn dazu gebracht, zwei Entscheidungen in zwei Kategorien einzuteilen, die auch für das Verhalten in Meetings weitreichende Konsequenzen haben. Denne unterscheidet nämlich den »Fokusmodus« und den »Kreativmodus«.

Im Fokusmodus muss schnell gehandelt werden, und dann dürfen, laut Denne, »Befindlichkeiten« keine Rolle mehr spielen (wie Ingenieure das halt so ausdrücken). In diesem Modus dürfen, ja *müssen* Führungskräfte »ihrer Erfahrung und Intuition vertrauen … auch wenn sie nicht zu 100 Prozent sicher sind, die richtige Entscheidung zu treffen. ›Wenn extremer Zeitdruck herrscht, reichen 80 Prozent. Dann können nicht 100 Prozent das Ziel sein, weil es die nicht mehr gibt‹ … Zum Mut zur bestmöglichen Entscheidung … gehöre das Bewusstsein, dass es schiefgehen kann« (zit. nach Scheytt). In diesem Modus beziehungsweise im akuten Brandfall kann unmöglich so lange gewartet werden, bis auch das letzte Mitglied der Feuerwehr seine Zustimmung erteilt. Im operativen Engpass schlägt daher die Stunde der Hierarchie, wo es kaum noch Diskussion gibt, sondern allein schon deshalb Handeln auslöst, weil die Chefin kurz etwas äußert und ansonsten auf drei Sterne an der Mütze verweisen kann.

Im Kreativmodus steht mehr Zeit zur Verfügung. In ihm kann ein Thema tatsächlich umfassend reflektiert werden und die soziale Absicherung innerhalb einer Gruppe bis hin zur Erreichung von allgemeinem Konsens ist viel leichter möglich. Unterschiedliche Szenarien sollen hier ausführlich durchdacht werden, kritische, neue Aspekte sind ausdrücklich erwünscht und bekommen auch genug Zeit. Gerade weil die Feuerwehr die vielfältigen Möglichkeiten im Kreativmodus vorher so detailliert reflektiert hatte, kann sie dann im Ernstfall auch so schnell auf den nicht-diskursiven Fokus umschalten.

Zum echten Problem für Meetings wird die Angelegenheit aber dann, wenn man sich laufend die Verwechslung dieser beiden Modi leistet. Da steht eine unverrückbare Deadline vor der Tür und die Gruppe leistet sich den »Kreativmodus«. Womit die Deadline wahrscheinlich zusammenbricht. Da müsste ein Thema umfassend strategisch durchdacht werden, aber das Meeting wird vom Chef im Fokusmodus geführt, was am Ende nur er selbst effizient fand. Der Rest der Gruppe ist abgehängt.

Eigentlich liegt es auf der Hand, dass Organisationen beide Modi brauchen. Mein Eindruck ist aber, dass sich inzwischen in vielen Firmen der Kreativmodus so breitgemacht hat, dass der Fokusmodus kaum noch zu seinem Recht kommt; obwohl nur ein fallbezogener Wechsel zwischen beiden Modi etwas bringt. Im Fokusmodus ist Moderieren verhältnismäßig einfach, weil der Rahmen extrem eingegrenzt ist. Mit dem Hinweis auf Zeitknappheit lässt sich dann alles ausbremsen oder pushen; das muss deshalb noch nicht einmal unhöflich werden. Im »Kreativmodus« wird das deutlich anspruchsvoller, weil solche Grenzen dann weitgehend wegfallen und die Gestaltungsmöglichkeiten eine größere Selbstdisziplin verlangen (die viele nicht aufbringen). Darum wäre es grundsätzlich sinnvoll, sich vor jedem Meeting – als Führungskraft wie auch als Moderatorin oder Moderator – genau darüber klar zu werden, in welchem der beiden Modi das im Folgenden ablaufen soll.

Eine ganz besondere Herausforderung für Führungskräfte ist es, wenn sie jemand anderen mit der Moderation eines Meetings beauftragen, an dem sie dann selbst teilnehmen. Oft sind sie sich nämlich nicht im Klaren darüber, dass sie mit so einer Übergabe für die Dauer des Meetings nur noch zu einer teilnehmenden Person geworden sind – nicht mehr zum Vorgesetzten der Moderatorin oder des Moderators. Diese Sorte Machtverzicht halten manche Führungskräfte nicht aus. Wenn sie es nicht ertragen, sich genauso wie alle anderen zu Wort melden zu müssen, nicht dauernd zu reden, zurechtgewiesen zu werden, wenn sie sich nicht an die Tagesordnung halten, dann sollten sie ihre Rolle lieber nicht abgeben. Für so einen Schritt braucht man eine gewisse innere Souveränität, die nicht alle Führungskräfte haben.

Vielleicht ist jetzt der richtige Zeitpunkt für eine kurze Bemerkung zur Frage der Macht. Im Nachdenken über dieses Thema wird auch erst deutlich, inwiefern Moderation tatsächlich mit einer Kampfkunst zu tun hat.

## Ohnmacht ist keine Tugend

Denn wenn eine Moderatorin oder ein Moderator Kommunikation in einem definierten Raum produktiv ermöglichen soll, geht das nur aus einer Position der Stärke heraus. Hier wird, bewusst oder unbewusst, Macht eingesetzt. Das sollte man sich gerade in dieser Rolle eingestehen.

Es gibt inzwischen viele Menschen, gerade in Personalabteilungen, die davon nichts hören möchten. Der Begriff der »Macht« hat für sie den abstoßenden Geruch von Gewalt und Unterdrückung. Allerdings in der Regel nur deshalb, weil sie sich ein bequemes Missverständnis leisten. Sie verwechseln nämlich leichtfertig Macht mit Machtmissbrauch.

Tatsächlich gibt es aber kaum ein Lebensverhältnis, das mit Macht nichts zu tun hat. Sie gehört zu unserem Alltag und verdient einen reflektierten, bewussten Umgang damit, nicht pauschale Ablehnungsreflexe. Die Verkäuferin hinter ihrer Theke *entscheidet*, ob sie mir das gewünschte Brötchen verkauft oder nicht. Die Mutter *könnte* ihrem Baby die Brust verweigern (macht sie aber nicht, klar). Der Azubi bekommt erst mithilfe seiner Schlagbohrmaschine die Möglichkeit, ein Loch in den Beton zu bohren; ohne dieses Hilfsmittel *kann* er das einfach nicht. Das muss ihm also jemand zur Verfügung stellen.

Dies sind einerseits alltägliche Situationen der Abhängigkeit, andererseits aber auch der Befähigung. Wer Macht hat, kann etwas *machen*. Wer keine Macht hat, kann nichts machen. Ohnmacht an sich ist keine Tugend, sie ist auch nicht automatisch moralisch höherstehend. Vielmehr ist Ohnmacht meistens schmerzlich und defizient. Wer keine Macht hat, kann auch keine abgeben und damit andere Menschen ermächtigen. Ohne Machtausübung gibt es kein Empowerment! Und Machtverzicht von jemandem, die oder der gar keine Macht hat, ist nicht nur überflüssig, sondern schnell etwas lächerlich.

Dass es allerdings auch den Missbrauch von Macht gibt, ist ebenso klar. Nur haben wir gar nicht die Möglichkeit, Machtfragen zu lösen, indem wir uns ihnen gar nicht erst stellen. Tatsächlich gibt es Menschen, die ihre Kinder vernachlässigen und quälen, ganz fraglos ein Macht*miss*brauch. Daraus aber zu schließen, dass Elternschaft an sich abgeschafft werden müsse, ist offensichtlich ein Trugschluss. Tatsächlich gibt es auch in Therapiesituationen Übergriffe und seelische Verletzungen durch Profis; daraus aber abzuleiten, dass Therapie an sich abzulehnen sei, ist unangemessen. Und dass es tatsächlich Menschen in Leitungspositionen gibt, die ihre Rolle ausnutzen oder sich schrankenlos narzisstisch und gemein verhalten, ist weithin bekannt. Aus diesem Machtmissbrauch aber abzuleiten, dass es gar keine Leitungsaufgaben geben dürfe, ist einfach nur kindisch.

Der Soziologe Niklas Luhmann hat in diesem Zusammenhang einen großen Unterschied zwischen Macht und Zwang herausgearbeitet. Das sind für Luhmann zwei völlig verschiedene Paar Stiefel. Das herausragende Problem sieht er darin: »Die Funktion des Kommunikationsmediums Macht ist … nicht ausreichend beschrieben, wenn man meint, es gehe nur darum, den Machtunterworfenen zur Annahme der Weisungen zu bewegen. Auch der Machthaber selbst muss zur Ausübung seiner Macht bewegt werden, und darin liegt in vielen Fällen die größere Schwierigkeit. Liegt es nicht gerade für ihn, der im Zweifel unabhängiger ist, näher, sich zurückzuziehen und die Dinge laufen zu lassen?« In der Tat, das liegt ziemlich nahe. Leider mit dem Effekt, dass diese Sorte von Passivität Organisationen zerstören kann.

Wir haben in der Tradition der Aufklärung lernen können (und müssen), gerade in einer Demokratie, dass diejenigen, die sich nicht um die Organisation von Macht kümmern möchten, von denen überrollt werden, die nichts anderes im Sinn haben, als ihre persönliche

Macht zu vergrößern. Was damit zu lernen war, ist aber nicht der vorbeugende Verzicht auf Macht (und damit die Ermöglichung von Sklaverei), sondern eine Organisation von Macht, die a) kontrolliert werden kann durch Prüfinstanzen (wie Gerichte oder Aufsichtsräte), b) regelmäßig wechselt (etwa nach einer Wahlperiode oder nach Ablauf eines Vertrags) und c) sachgerecht kritisierbar sein muss (auf einer Betriebsversammlung oder in der Zeitung).

Was heißt das für die Rolle von Moderatorinnen und Moderatoren?

Sie sollten sich eingestehen, dass sie Macht anwenden. Und dass das auch völlig in Ordnung ist. Denn sie tun das ja – hoffentlich – nicht, um dabei eigene orgiastische Gefühle der Beherrschung anderer zu kultivieren. Sie schützen die Leisen oder laden sie ein; sie kanalisieren die Lauten; sie wehren die Störer der anderen ab; sie ermöglichen eine sachliche Gleichheit; sie stellen eine gewisse Höflichkeit sicher; sie verbessern den Austausch von Argumenten.

Dass ihre Macht nur geliehen ist, vom Management, von einer Parlamentsmehrheit, von einer Entscheidungsinstanz, die sie selbst nicht sind, spielt dabei keine Rolle. Auch nur geborgte Macht darf nicht liegengelassen, sondern muss eingesetzt werden, sonst wird sie von den falschen Leuten aufgehoben. »Wer auf Macht verzichtet, verzichtet auch auf die Macht des Guten« (Ludwig Marcuse).

Dass Moderationsmacht oft nur temporär und vorübergehend ist, ändert daran auch nichts. Das Meeting dauert nur sechzig Minuten? Dann war ich eben sechzig Minuten die Nummer eins im Raum, kaum bin ich aus der Tür draußen, bin ich es schon nicht mehr, so what? Die Konferenz geht zwei Tage, und ich war es, die die Rednerinnen und Redner moderiert hatte, aber danach bin ich wieder eine Professorin unter sehr vielen anderen? Auch recht. Vielleicht ist man überhaupt nur für eine einzige Sitzung die Moderatorin oder der Moderator, und danach dann nicht mehr, gerade weil man das so professionell gemacht hat – und damit leider offengelegt hat, wie unprofessionell hier ansonsten kommuniziert wird. Na und? Auch wenn diese Rolle nur befristet verliehen wird: Ihre Machtmöglichkeiten müssen eingesetzt werden, sonst geht die Aufgabe kaputt. Ohne jedes schlechte Gewissen. Als Dienst an einer Gruppe. Macht als Dienst. Nur so geht das sinnvoll.

# Kapitel 6

## Die Samurai im Regen

### Welches Mindset Moderation ermöglicht

## Achtsamkeit im Tower

Sechs Passagiermaschinen sind im Landeanflug, zehn kurz vor dem Start. Und Sie sind dafür verantwortlich, dass nun alles klappt. Auf dem riesigen Bildschirm bewegen sich laufend unterschiedliche farbige Symbole. Kontrolle des Abstands der Maschinen. Wechselnde Zuständigkeiten, permanente Nebengeräusche in Ihrer unmittelbaren Umgebung. Umdisponieren bei Störungen, Treibstoffprobleme, Wetterumschwünge, Überlastung der Flugkorridore. Sie beobachten nicht etwa nur einen Vorgang, oh nein. Alle Ihre kognitiven Systeme sind voll auf Empfang. So machen Sie das als Lotse oder Lotsin im Tower eines Flughafens, laufend. Dass Sie Stress hatten, merken Sie oft erst hinterher.

Moderatorinnen und Moderatoren befinden sich in vergleichbarer Lage. Je größer die Gruppe ist, in der sie sich bewegen, umso höher werden die Anforderungen an ihre Geistesgegenwart. Profis bezeichnen den Zustand, der für diesen Job nötig ist, als »Mindfulness«, was im Deutschen regelmäßig ziemlich schief als »Achtsamkeit« übersetzt wird. Damit wird inzwischen hierzulande oft etwas ganz anderes verbunden, eine Art meditativer Zugewandtheit, etwas mit sanfter Stimme und leicht entrücktem Lächeln. Hinzu kommen rituelle Appelle an Rücksichtnahme und vorwurfsvolles Kopfschütteln, wenn jemand vermeintlich nicht »achtsam« ist.

Ursprünglich war »Mindfulness« aber ganz anders gemeint, nämlich als Komplettwahrnehmung in 360 Grad, und zwar gerade im Hochstress. Das kann dann am Ende tatsächlich mit Meditation und einem eingeübten Atmen zu tun haben (tatsächlich sehen etwa viele Aktive in Judo, Kendo oder Karate ganz fraglos diesen Zusammenhang), aber zunächst geht es hier jedenfalls weniger um moralische Beurteilungen als um Offenheit gegenüber allen einströmenden Informationen.

Das Gegenteil dieser Mind*ful*ness ist eine alte Bekannte, der wir alle nur zu oft begegnen – Mind*less*ness. Um Missverständnisse auszuschließen, lasse ich von nun an den Begriff der Achtsamkeit einfach weg und rede von Geistesgegenwart beziehungsweise von ihrem laufend anwesenden Opponenten, der Geistesabwesenheit. Vielleicht könnte man auch von Routineblindheit sprechen.

Wenn die Moderatorin den Meetingraum betritt und mit nichts anderem beschäftigt ist als schon mit dem Inhalt der bevorstehenden Diskussion, kann das bereits alles andere als geistesgegenwärtig sein. Dann hat sie womöglich fahrlässig den gelangweilten Gesichtsausdruck des politisch einflussreichen Kollegen übersehen. Oder der Moderator, der vom Thema des Meetings fachlich zutiefst fasziniert ist, hat allen Ernstes die Provokation ignoriert, dass der beste Sitzplatz für die Moderationsaufgabe von einem Azubi besetzt ist. Keine Rede von Mindfulness! Von den zehn Passagiermaschinen am Start nehme ich nichts wahr, weil ich gerade die Tagesordnung beziehungsweise den Flugplan innerlich durchgehe. Ganz zu schweigen von den weiteren sechs Maschinen im Landeanflug. Dass der Vorstand zu spät kommt, verstehe ich fälschlich als Versehen, nicht als die demonstrative Absicht, die es tatsächlich darstellt. Dass Abteilungsleiter A so weit weg wie möglich von Abteilungsleiter B sitzt, wird als Zufall fehlinterpretiert. Lauter Informationen, die extrem relevant sind für das, was nun gleich weiter geschehen wird.

Die US-amerikanische Psychologin Ellen Langer war es, die sich ihr ganzes Forschungsleben mit den Bedingungen und den Folgen von Geistesgegenwart beschäftigt hat. Sie zählt drei entscheidende Hindernisse für diese Gegenwart des Geistes auf, die auch Moderatorinnen und Moderatoren im Weg stehen:

1. Schubladendenken bzw. »Gefangenschaft in den falschen Kategorien«. Der Vorschlag kann nichts bringen, wenn er nicht aus der Forschung und Entwicklung kommt, sondern vom Vertrieb. Oder der SPD. Oder dieser Ausländerin.
2. Eingespielte Routinereaktionen bzw. »Automatisiertes Verhalten«, das überhaupt nicht mehr zu einem jetzt aktuellen Anlass passt.
3. Hier stehe ich, ich kann nicht anders bzw. »Handeln aus einer einzigen Perspektive«; obwohl sich das Problem nur verstehen lässt, wenn man es auch aus der Sicht der Kundschaft betrachtet, oder der Leute, die man im Parlament vertritt (Langer, 12ff).

Wenn die Moderatorin gegen eines dieser drei Hindernisse im Verlauf eines Meetings einschreitet, sollte sie sich warm anziehen. Das sind in jeder Organisation extrem mächtige Gegner.

Hinzu kommen die laufenden Tests der rangorientierten Diskutanten, ob hier jemand die Moderationsrolle auch tatsächlich ernsthaft beanspruchen will, oder ob die betreffende Person das aus irgendwelchen anderen Gründen macht. Wer hat sie überhaupt mit diesem Job beauftragt? Ach so, die Vorständin Frau Dr. Schmitt? Dann wollen wir doch mal sehen, was die macht, wenn wir ihre Moderatorin jetzt auflaufen lassen. Eigentlich meinen wir natürlich die Schmitt; aber weil wir es an der nicht auslassen können, ist ihre Gesandte dran.

Die Moderatorin kann sich ihrerseits die merkwürdige Feindseligkeit am Tisch nicht erklären. In ihrem horizontalen System gehört es nun mal zum selbstverständlichen guten Ton, dass alle sich sofort auf ein inhaltliches Niveau begeben. Rangspiele sind ihr nicht nur fremd, sondern unangenehm. Mit welcher inneren Haltung soll sie da durchkommen?

Da hilft vielleicht ein Hinweis, der ein paar Jahrhunderte vor unserer Zeit formuliert wurde. Es ist ein Rat für die Kommunikation in einem ausgesprochen vertikalen Universum, das der Samurai nämlich, entsprechend archaisch und aus der Zeit gefallen mag er uns vorkommen. Allerdings hat er für das Mindset von Moderatorinnen und Moderatoren auch heute eine enorme Relevanz.

Tsunetomo Yamamoto hat ihn in seinem Handbuch für die Ausbildung von Samurai, dem legendären »Hagakure« beschrieben. Er redet dort von der »Lektion des Platzregens«. Dazu führt er aus: »Ein Mann, der unterwegs vom plötzlichen Regen überrascht wird, rennt die Straße hinunter, um nicht nass und durchtränkt zu werden. Wenn man es aber einmal als natürlich hinnimmt, im Regen nass zu werden, kann man mit unbewegtem Geist bis auf die Haut durchnässt werden. Diese Lektion gilt für alles.«

Yamamotos Rat war gedacht für Samurai-Anwärter. So jemand wollte schon damals nicht jede und jeder sein. Es gibt aber viele Situationen, wo die Gatekeeper, von denen wir hier sprechen, ohne diese Einstellung tatsächlich nicht auskommen. Wer den Regen als persönliche Verletzung empfindet, geht besser nicht hinaus ins Wetter. Wer als Schiedsrichterin die Sprechchöre der Fans nicht aushält, sollte etwas anderes machen. Wer als Moderatorin oder Moderator die Anfeindungen in einem aufgeheizten Besprechungsmodus nicht erträgt, muss sich das nicht antun. Wenn man die Person sein muss, die dafür sorgt, dass Höflichkeit reinhaut, dann muss man sich notgedrungen auf die Erfahrung des Platzregens einlassen.

Menschen in der Moderationsrolle sollten sich zunächst darüber im Klaren sein, ob sie diese Rolle tatsächlich möchten. Unter Zeitdruck sollte man sie nicht annehmen. Es ist eher die Ausnahme, dass sie für Kleingruppen gebraucht wird. Ab einer Anzahl von sechs bis sieben Teilnehmenden in einem Meeting steigt die Wahrscheinlichkeit, dass man sie braucht, ab zehn ist es die Regel. Auch Führungskräfte können moderieren, doch, aber es gibt nun mal einen großen Unterschied zu ad hoc hinzugezogenen Moderatorinnen, die keine Führungskräfte sind. Denn sie entscheiden ja nicht, Führungskräfte aber schon.

Es ist nicht originell, dass gerade ranggeneigte Führungskräfte davon überzeugt sind, selbstverständlich auch die Kings der Moderation zu sein. Aber je mehr persönlichen Anteil an einer Frage und deren Lösung Führungskräfte haben, umso eher ist die Übertragung dieser Rolle an jemand anderen ratsam. Es ist dabei zwar hilfreich, wenn so eine Moderatorin auch Ahnung von der Sache hat. Dann kann sie tatsächlich eine anregende Kraft haben. Aber je tiefer der Dissens bei einer Frage zwischen allen Beteiligten sein kann, umso weniger wichtig wird Sachkenntnis. Eher steigt dabei die Notwendigkeit, erst einmal ein produktives Klima der Auseinandersetzung herzustellen. Wie wenig sich allein diese Aufgabe von selbst versteht, werden wir noch sehen.

Überschätzen hierarchieorientierte, vertikal kommunizierende Führungskräfte regelmäßig ihre Moderationsfähigkeiten, so gehen horizontal kommunizierende Führungskräfte oft hinter der Moderationsfunktion in Deckung – um nicht selbst entscheiden zu müssen. Immer wieder Meetings in wechselnden Zusammensetzungen, immer moderiert (aber nie von der Chefin), immer wieder neue Aspekte, immer wieder aufgeschobene Beschlüsse. Das ist dann für sie ebenso wenig produktiv, weil ihr Job nun mal weniger die Moderation ist als das Entscheiden.

Die regelmäßig wechselnde Übernahme der Moderationsrolle von Meeting zu Meeting kann leider ebenso regelmäßig an die Wand fahren. Auch wenn wechselnde Rollen im Rahmen agiler Prozesse manchmal für sinnvoll gehalten werden. Es gibt nun mal Leute, die das wirklich gut können, und andere, mit denen das ein Desaster wird. Die charmante Labertasche, den alle gut leiden können, der aber einfach nie auf den Punkt kommt, sollte besser nichts moderieren. Die cholerische Domina, die immer nur recht behalten möchte und allen über den Mund fährt, empfiehlt sich ebenso wenig. Man sollte sich da nicht, um des lieben Friedens willen, in die Tasche lügen. Bei aller verständlicher Skepsis gegenüber Machtpositionen verbirgt sich hinter solchen rollierenden Modellen meistens eine große Naivität gegenüber der Moderationsrolle – bis hin zu einer deutlichen Abwertung. Die Annahme, dass das jede und jeder könne, setzt voraus, dass man offensichtlich nichts Besonderes dafür können muss …

Die Moderatorin bringt besser keine eigene inhaltliche Position ein und ist insofern unparteiisch. Wenn sie von der beauftragenden Instanz einen zu engen Auftrag bekommen hat (*moderiere es so, dass dieses oder jenes herauskommt*), kann sie nur untergehen. Sie muss sogar dazu bereit sein, »to kill the darlings«, also sogar von ihr selbst präferierte Lösungen aufzugeben, wenn die Gruppe zu einer ganz anderen – sinnvollen – Lösung tendiert.

*Der* Test für die Fähigkeiten von Führungskräften wie auch von Moderationsleuten ist das weit verbreitete Projekt-Setting: Da gibt es eine Sachfrage, und um die zu lösen, wird ein Projekt eingesetzt. Mit der Projektleitung wird eine Mitarbeiterin beauftragt, die damit dann eine Gruppe leitet, bei der jede Menge Chefs mitmachen. Weil sie sachlich nun mal eine Menge zu dieser Fragestellung beizutragen haben, ja, ja. Aber so ganz nebenbei, sind es nun mal Chefs! Und die Projektleiterin nun mal nicht! Damit sind alle Zutaten für die Aufführung einer innerbetrieblichen Oper vorhanden. Und wie das eben so ist in Opern: Irgendjemand bleibt auf der Strecke. Raten Sie mal, wer …

# Kapitel 7

## Die Politik der Türsteher

### Warum Meetings vor dem Meeting anfangen

## Die Lektionen der Türsteher

Man muss kein Freund von Techno sein, um von den Türstehern der Metropolen zu lernen. Denn am Ende ist es ihr Job, der darüber entscheidet, ob ein Club so austauschbar und belanglos wie der Durchschnitt bleibt oder zum Kultort wird. Türsteher lassen Interessierte herein oder schließen sie explizit aus. Sie öffnen für Themen oder lassen sie, für alle weithin sichtbar, gar nicht erst zu. Wenn jemand weiß, dass jedem Anfang ein Zauber innewohnt, dann sie. Allerdings können sie das ziemlich kühl demonstrieren.

Eigentlich müssen sie es auch. Je strenger diese Türsteher ihre Politik verwirklichen, umso mehr eigenes Gesicht bekommt der Club, den sie repräsentieren. Auch wenn prominente Vertreter dieser Funktion unglaubhaft kokett behaupten, dass sie gar keine Macht ausüben würden. Aber tatsächlich sind Türsteher wie etwa Sven Marquardt, der legendäre, metallbestückte Protagonist des Berliner »Berghain« so einflussreiche Größen, dass sie ein subkulturelles Ambiente deutlich prägen. Marquardts Kollege Smiley Baldwin umschreibt das so: »Man malt jeden Abend ein Bild. Und ich bin für dieses Bild zuständig.« (Bouncer Berlin). Erst mit ihrem ausdrücklich selektierenden Verhalten ermöglichen sie etwas hinter den Mauern ihrer Location, was von den Teilnehmerinnen und Teilnehmern als geschützter Raum großer Freiheit geliebt wird: »Mit der Auswahl der Gäste tragen wir ne

Verantwortung für die Leute, die da drinnen sein können, wie sie sind« (Marquardt).

Umstritten sind Türsteher, wenn sie nichts anderes sind als bloßer Bestandteil einer Security, bei der niemand recht weiß, wer der potenziell größere Schläger ist. Denn wenn es tatsächlich zu Gewalt kommt, ist es für erfahrene Türsteher eigentlich das Eingeständnis einer Niederlage: »Die Kunst des Türstehers besteht darin, Stress zu vermeiden« (Weigend). Sagt ein Türsteher.

Was hinter den Türen der Clubs passiert, ist dann schon nicht mehr ihre Sache, dafür gibt es dann ganz andere Zuständigkeiten, DJs etwa oder Barkeeper. Aber mit seinem Verhalten im Vorfeld hat der Türsteher ja bereits alle Weichen gestellt. Er oder sie – Türsteherinnen sind extrem selten – ist eine Instanz des Schutzes und der Ermöglichung, eine stilbildende Größe. Er erschafft mit seinem Auftritt ganz am Beginn des Kontakts eine Community, die es so ohne ihn nicht gegeben hätte. Und je mehr Autorität er hat, umso weniger Begründungen gibt er noch: »Für euch wird das heute nichts« oder »Wir haben uns dagegen entschieden«, wie man das eben Basic-Talk-mäßig äußert … Oder einfach Move Talk: schweigendes Kopfschütteln.

Aber vielleicht trotzdem ein produktiveres Verhalten als bei den Leuten, die schon in der ersten Vorbereitungsmail für ein Meeting so viele Adressaten wie nur möglich in »cc« nehmen, damit bloß alle Bescheid wussten, sich eingeladen fühlten und mitreden durften, mit dem

Effekt, dass außer unproduktivem Herumsitzen im Meeting vorhersehbar nichts passierte.

Was Türsteher schon im Vorfeld eines sich anschließenden Events an Klärungen durchführen, ist Bedingung dafür, dass dieses Event überhaupt funktionieren kann. So etwas hätte Sabine sich besser auch überlegen sollen. Auch wenn es bei ihr um alles andere als um wummernde Bässe geht, sondern um ein eher niederphoniges konzerninternes Projekt. Tätowiert ist niemand. Das Outfit ist eher businessmäßig unauffällig. Aber schon im Vorfeld ihres Meeting-Events geriet alles in eine Schieflage.

Wie meinte der Türsteher des Berliner »Berghain« zu seinem abwehrenden Verhalten am Eingang? »Die ganzen aufgeblasenen Egos … das würde gar nicht funktionieren.« Aber genau mit dieser Sorte sollte Sabine zu tun haben. Und da ist sie nicht die einzige.

Sabine ist zwischen dreißig und vierzig und hat eine beeindruckende Karriere gemacht. In dem internationalen Pharmakonzern, wo sie arbeitet, ist sie nun eine Projektleiterin, die an den Personalvorstand berichtet. Ihr »Projekt« – so etwas als »Projekt« zu bezeichnen, ist allerdings die Untertreibung des Jahres – ist nichts weniger als die kulturelle Transformation aller Führungskräfte im Konzern innerhalb kürzestmöglicher Zeit. Eigentlich eine Riesenaufgabe. Denn in diesem Projekt soll ein Leitbild der Zukunft für das gesamte globale Unternehmen entworfen werden.

Fachlich ist Sabine da genau richtig, weil sie auch sonst eine Schnittstelle zu Führungskräften im Konzern hat; sie kennt die Aufgaben derer, für die dieses Leitbild einmal gelten soll. Aus Sabines Sicht geht es dabei vor allem um Employer Branding, das heißt um die Selbstdarstellung des Unternehmens für alle Mitarbeitenden, auch zukünftige, auch Führungskräfte. Sie hat schon lange den Eindruck, dass das bloße Abfragen von Bewerbern auf immer nur deren funktionale und technische Fähigkeiten zu wenig ist.

Was ihr allerdings nicht ganz klar zu sein scheint, ist die enorme politische Bedeutung, die dieses vermeintliche »Projekt« für die gesamte Führungsebene haben könnte. Sabine weiß ganz genau, dass durch den kulturellen Wandel für alle Arbeitgeber die Werte stärkere Bedeutung haben werden, zu denen sich potenzielle Führungskräfte dazustellen möchten – oder eben nicht. Aber eigentlich ahnt sie auch, dass es dabei genau um solche Werte gehen wird, die der Großteil der im Projekt Anwesenden selber nicht vertritt. Trotzdem sieht sie es als ihre Mission, diese Werte im Unternehmen zu etablieren. Klingt ein bisschen vermessen missionarisch. Vor lauter inhaltlicher Begeisterung ist sie vielleicht blind geworden für die dahinter liegenden Machtfragen.

Die Projektgruppe besteht aus sieben Führungskräften, die auf der Ebene direkt unterhalb des Vorstands arbeiten, alle haben also einen höheren hierarchischen Rang als die Projektleiterin Sabine. Das Meeting findet auf Englisch und per Video statt, mit Teilnehmenden aus ganz unterschiedlichen Ländern. Einmal pro Woche treffen sich alle Beteiligten, und es ist Sabine, die immer dazu einlädt und die Agenda verschickt. Das hatte auch alles einigermaßen geklappt – bis zu den letzten beiden Meetings.

Auch Sabines neuer Chef Esteban ist dabei; dass er ihr Vorgesetzter ist, wissen auch alle. Er ist erst seit kurzer Zeit im Unternehmen und orientiert sich oft an seinem mächtigen Kollegen John. Der ergreift regelmäßig das Wort, ohne so etwas wie eine Worterteilung durch Sabine abzuwarten, unterbricht alle, wie es ihm passt, und hält sich auch nur selten an Sabines Agenda. Sabine macht dann immer gute Miene zum bösen Spiel und versucht, geduldig wieder zum Thema zurückzukommen. Die anderen Teilnehmer halten sich eher zurück, wenn John sich so verhält. Sabine hätte sich gewünscht, dass mal jemand zu John sagen würde »Komm, wir halten uns an die Agenda« oder »Du weißt ja, Sabine ist der Project Lead«, aber nein – die anderen sagen dann einfach gar nichts. Auch nicht Sabines Chef Esteban, der immer bereitwillig auf John eingeht.

Sabine hatte mit Esteban auch schon unter vier Augen gesprochen und um mehr Rückendeckung von ihm gebeten. Aber so entgegenkommend Esteban im Zweiergespräch auch ist, so anders verhält er sich dann, sobald wieder alle in einer Gruppe sind. Wenn er in Gegenwart älterer Führungskräfte ist oder mit dem Vorstand zu tun hat, ignoriert er Sabine regelmäßig. Offensichtlich ist Esteban sein Rang als Führungskraft sehr wichtig. Und das geht dann stets auf ihre Kosten.

Die Anfänge des ganzen Projekts sahen so aus, dass das Projekt selbst mit einer einzigen E-Mail vom Personalvorstand eingerichtet wurde. Wer darin welche Rolle hat, konnte einer Tabelle entnommen werden, die der Vorstand an alle Beteiligten mit verschickt hatte. Darin war Sabine kommentarlos auch als »Project Lead« aufgeführt. Mehr Vorbereitung hatte es nicht gegeben. »Tatsächlich«, meinte Sabine, »bin ich aber eher eine Moderatorin.«

Beim vorletzten Meeting machte ihr allerdings John klar, dass auch diese Rolle gefährdet ist. Er hatte eine, wie er fand, gute Idee, wie das gesamte Projekt anders gestaltet werden sollte. Aber es gab bereits bestimmte Vorgaben durch den Vorstand, vor allem über die Zeitlinie, das heißt, wie lange und wann man solche Modifizierungen besprechen könne. Genau das rief Sabine in ihrer Rolle als Moderatorin in Erinnerung: »In der allerersten Projektphase ist jetzt nicht die Zeit für neue Ideen, das können wir dann später besprechen.« Kaum hatte sie das ausgesprochen, explodierte John: »Das regt mich jetzt aber echt auf!«

Dann lehnte John sich zurück, brach den Blickkontakt zu Sabine ab und demonstrierte seinen Ärger. Woraufhin andere im Meeting ihn zu beruhigen versuchten. John unterbrach alle und stellte noch einmal seine geniale Idee vor. Worauf Sabine ihn noch einmal daran erinnerte, dass die aktuelle Agenda anders aussehe und die Zeit knapp sei. Nun war das Maß für John voll. Er schob sich näher an den Bildschirm, deutete mit dem ausgestreckten Zeigefinger auf Sabines Chef und sagte laut: »Mach doch du den Project Lead, Esteban.«

Der stimmte John sofort zu, dass die Idee tatsächlich interessant sei, und die Gruppe mehr Zeit bräuchte, um Johns Vorschlag zu diskutieren. Zu Sabine sagte Esteban kein Wort.

Auch Sabine sagte nichts. Ihr hatte es nämlich die Sprache verschlagen. Und schon war das Meeting vorbei, weil die Zeit um war. Normalerweise gab es eine freundliche Verabschiedung und ein kurzes Feedback – heute nicht. Nach der letzten Äußerung von Esteban herrschte Totenstille. Und so formlos brach das dann einfach ab.

## Inthronisation per Tabelle

Natürlich ließe sich eine Menge sagen zu Estebans unsolidarischem Verhalten oder zum Umgang mit besagtem John. Da hatte nicht mehr und nicht weniger stattgefunden als ein Putsch mit zwei Akteuren: John hatte Sabine als Project Lead abgesetzt und Esteban hatte ihre Rolle übernommen. Nun stand Sabine schwer beschädigt da.

Aber die politische Weichenstellung dazu war schon lange vorher erfolgt. Per E-Mail. Das, was Türsteher möglichst früh klären, war weder dem Vorstand noch Sabine eingefallen. Die »aufgeblasenen Egos« (Marquardt) waren drin, Sabine fast schon draußen.

Es ist ein trauriger Refrain, der sich seit langer Zeit in vielen Unternehmen wiederholt, dass die Leute, die sich allein an den Inhalten einer Aufgabe orientieren, daran scheitern, dass sie den politischen Rahmen unterschätzen. Eine Sabine, die mit wachem Bewusstsein einen Wertewandel beobachtet, der sich überall vollzieht, kann es nur begrüßen, wenn dieser Wertewandel auch in ihre Firma einziehen soll. Endlich! Und wenn der Vorstand sie dann zur Projektleiterin macht, um genau das vorzubereiten: umso besser! Für jemanden wie Sabine ist es offensichtlich völlig unerheblich, dass sie dann einem Gremium präsidieren soll, wo alle anderen ihr hierarchisch weit überlegen sind. Es geht doch nur um die Inhalte! Da spielen doch persönliche Befindlichkeiten keine große Rolle.

In Sabines inhaltsorientiertem Sprachsystem wahrscheinlich nicht. In dem rang-affinen System der Johns und Estebans aber schon.

Von den hierarchiebewussten sieben Führungskräften kann eine Mail vom Vorstand natürlich nicht ignoriert werden. Wenn darin aber in der bloßen Form einer Tabelle lapidar mitgeteilt wird, dass jemand das Projekt leiten soll, die oder der rangtechnisch weit unter ihnen steht, ist es für sie zunächst eine Provokation. Warum sollten sie das mitmachen? Noch dazu, wo es um einen tiefgreifenden Wertewandel der gesamten Organisation gehen soll, der am Ende auch ihre eigene Position verändern könnte.

Womit Sabine also bestenfalls hatte rechnen können, ist ein vorsichtig-abwartendes Verhalten. Im schlimmsten Fall offener Widerstand, zu dessen Wortführer sich John ja auch prompt gemacht hat. Abgesehen von den späteren Reaktionsmöglichkeiten Sabines ist aber das wichtigste Thema die Weichenstellung mit dieser E-Mail.

Denn entweder ist der Vorstand, der sie herumgeschickt hatte, etwas naiv und selbst so inhaltsgetrieben, dass er oder sie die politischen Implikationen gar nicht wahrnimmt. Oder es ist ein bewusster Schachzug, wobei eine Sabine damit beauftragt wird, etwas zu exerzieren, was dem Vorstand selbst zu heiß ist. Damit wäre Sabines Beschädigung sozusagen als Kollateralschaden eingepreist gewesen.

Das Minimum an guten Startbedingungen für Sabine wäre sicher gewesen, wenn der Vorstand zu Beginn des Meetings kurz aufgetaucht wäre, alle begrüßt und Sabine in aller Form als Moderatorin der Projektgruppe eingesetzt hätte. Danach hätte sie oder er sich gleich wieder verabschieden können. Für die Inhaltsfreunde ein völlig entbehrlicher Vorgang. Aber für die vertikal Interessierten im Meeting wäre erst damit völlig klar gewesen, dass hier ein Machttransfer stattgefunden hat. Sabine hätte später immer noch ihre situativen Herausforderungen gehabt, aber sie hätte sich im Zweifelsfall immer wieder in ihre offizielle Rolle als »Moderatorin« zurückziehen können.

Es gibt vielfältige Möglichkeiten, zu Beginn eines Meetings – auch online – klarzumachen, wer welche Bedeutung hat. Vielleicht haben Sie schon einmal in einem kirchlichen Kontext eine sogenannte »gestaltete Mitte« gesehen. Darunter ist ein Stuhlkreis zu verstehen, in dessen Zentrum sich ein Ensemble aus einem Tuch befindet, auf dem eine Kerze steht, mit einer Bibel, fallweise eine kleine fromme Szene oder etwas ähnlich Besinnliches. Für religiöse Zwecke mehr oder weniger sinnvoll, Motto: Es geht um den Herrn, und nicht um unsere Eigeninteressen.

Aber wenn plötzlich der Finanzausschuss der Kirchengemeinde den Raum betritt, bei dem es um eine Millioneninvestition geht oder ein Kündigungsschutzverfahren, ist schlagartig klar, dass das dafür nicht passt. Da hat das alte Bühnenbild dem neu aufgeführten Stück in keiner Weise mehr entsprochen.

Die politische Vorbereitung und die dementsprechenden Zeichen am Anfang können gerade Moderatorinnen und Moderatoren die Arbeit leichter machen oder unnötig erschweren. Wenn die Moderatorin oder der Moderator sitzt, dann kommt etwa nur der gewohnte Chefplatz infrage, sonst nichts; wenn da schon jemand sitzt, muss er da weg. Das kann man freundlich machen (»Ist das o.k. für Sie, wenn wir den Platz tauschen? Den bräuchte ich leider«) oder brüsk (»Das ist der Chefplatz. Den brauche ich jetzt.«), aber der ist gefälligst, für die Dauer des Meetings, nur für die Moderatorin da.

Stehen da Namensschilder vor jeder und jedem auf dem Tisch? Mit der Rangbezeichnung (das wäre dann natürlich »Moderatorin« und auf keinen Fall »Sachbearbeiterin«, was Sie vielleicht sonst sind)? Auch in der Videokonferenz darf jemand wie Sabine bei der Namensbezeichnung getrost dazuschreiben »Sabine/Moderation« (falls Vornamen überhaupt üblich sind; sonst muss da zwingend der Nachname hin!).

Nachträgliche kleine Pointe zum Verhalten von John und der Moderatorin aus unserem anfänglichen Beispiel: Beim nächsten Meeting wollte nicht einmal mehr John über seinen eigenen Vorschlag sprechen (so viel zur Bedeutung von Inhalten für die Johns). Stattdessen ärgerte er sich darüber, dass er so viel Zeit investieren müsse in das Projekt, aber Rachid, ein anderer Teilnehmer, könne kommen, wann er wolle. Und deshalb schlug er vor, Rachid aus dem Projekt zu werfen. Woraufhin Esteban meinte: »Gut, dann rufe ich ihn an.« Nun griff die Moderatorin ein und widersprach: »Nein, das mache ich.« Als Esteban fragte: »Warum?«, antwortete sie nur: »Weil ich der Project Lead bin.« Daraufhin sagte er nur noch: »O.k.«

Geht doch.

# Kapitel 8

## Die Aliens an der Theke

### Wie sich Störungen in Meetings abstellen lassen

## Blaue Haut, gestreifte Flügel

Es gibt viele Gründe, warum Meetings schiefgehen. Originell sind diese Gründe in der Regel aber nicht. Und sehr, sehr oft ist ein Verhalten, das Meetings zu torpedieren scheint, auch viel weniger persönlich gemeint, als es von der Moderatorin oder dem Moderator empfunden wird. Von den Weichenstellungen, die eingeleitet werden, bevor es überhaupt losgeht, haben wir ja schon gesprochen. Aber wie geht es dann weiter? Pegelt sich das dann bald von allein auf einer sachlichen, konstruktiven Ebene ein? Das kann passieren; aber in der Mehrzahl der Fälle kann gar keine Rede davon sein, dass es von allein so kommt.

Das liegt einfach daran, dass wir in Babel leben, sozusagen gerade nach dem Einsturz des mythologischen Turms. Der Staub des hohen Anspruchs schwebt noch in der Luft, das Echo des Zusammenbruchs hallt noch nach. Da sollte man nicht einfach business as usual machen, sondern verstehen, dass man erst etwas aufgeben muss, damit es weitergehen kann. Denn es gibt nun nicht mehr nur das eine Idiom. Hier geht es gar nicht mehr darum, dass ich einfach weiterhin meine gewohnte Sprache einsetzen kann und damit dann automatisch verstanden werden könnte. Es ist alles etwas mühsamer geworden. Aber keine Sorge: Wir bekommen auch etwas Neues dazu!

In den meisten Meetings treffen sich unterschiedliche Sprachuniversen. Manchmal habe ich den Eindruck, es geht regelmäßig zu wie in einer Alien-Kneipe auf einem entlegenen Planeten in Star Wars oder in einem interplanetarischen Warteraum bei »Men in Black«. Das vermeintlich professionelle Outfit der im Meeting Anwesenden legt uns vom Blaumann bis zum Maßanzug fälschlich nahe, dass hier alle dasselbe Grundverständnis von der einsetzbaren Sprache hätten. Aber tatsächlich befinden sich vor uns lauter Hologramme, und hinter ihnen haben die einen fünf Tentakel und blaue Haut, andere drei rotierende Augen oder gestreifte Flügel statt Arme. Dass die nicht alle dieselbe Sprache sprechen, wäre dann offensichtlich. Aber wir sehen ja nur die Hologramme. Und begreifen unsere Babel-Situation nicht.

Bereits die beiden Sprachsysteme, das »vertikale« und das »horizontale«, die Deborah Tannen vor Jahrzehnten entdeckt hatte, stellen eine große Herausforderung dar. Das gilt natürlich für alle Beteiligten, aber ganz sicher erst recht für Moderatorinnen und Moderatoren. Und der Clou an der Sache ist, dass auch Störungen in diesen beiden Sprachsystemen völlig unterschiedlich empfunden werden und darum die Abwehr solcher Vorgänge eine enorme Herausforderung sein kann. Weil wir sie nämlich im Zweifelsfall nicht so beantworten können, wie wir das aus unserem heimatlichen System gewohnt sind!

Horizontal denkende Menschen empfinden es wegen ihrer großen und sofortigen Inhaltsorientierung, gerade in Meetings, als »störend«, wenn jemand nicht begründend auftritt, sondern in Headlines redet oder immer wieder infrage stellt, dass die Moderatorin fachlich kompetent sei. Für vertikal orientierte Menschen muss das aber noch in keiner Weise persönlich oder grundsätzlich inhaltsfern gemeint sein, sondern stellt in vielen Fällen eher ein vergnügliches Vorspiel zum Inhalt dar. Motto: *Ich kratze dich versuchsweise – wehr dich doch bitte.* Damit nehmen sie sozusagen Witterung auf. In Meetings nähern sie sich einem Konsens durch iterative Provokationen, durch Versuchsballons, durch temporäre Bluffs und sind oft gar nicht böse, wenn der Ballon abgeschossen wird, der Bluff grinsend durchkreuzt wird und die Provokation mit einer anderen Provokation beantwortet wird. Es ist so etwas wie die Methode von Erkenntnis durch Versuch und Irrtum.

Rangaffine Leute empfinden es ihrerseits hingegen als »störend«, wenn ein bestimmtes Maß an Zugehörigkeitsbotschaften überschritten wird. Wenn alle Bescheid wissen, wer wann Geburtstag hat, aber unklar bleibt, wer im Meeting den Hut der Leitung aufhat, sind sie genervt. Ebenso, wenn ihre Versuche spielerischen Austestens mit kühlstem Ernst und detailversessenen Nachfragen in hohem Sprechtempo beantwortet werden. Dann empfinden sie das als unfair. Das reflektiert-systematische Faktensammeln, Evaluieren und dann mit einem synthetischen Vorschlag so viele Positionen wie möglich umfassende Einbinden wäre eher der Weg horizontal auftretender

Vertreter. Den verstehen vertikal ausgerichtete Repräsentanten aber oft als Hemmung für ein dynamischeres Vorgehen (was sie halt so als »dynamisch« verstehen).

Höflichkeit bedeutet in einem horizontal geprägten Umfeld den möglichst frühen Austausch von Zugehörigkeitszeichen und Inhaltsaussagen. Bei Höflichkeit unter vertikal orientierten Vertretern ist aber als Allererstes die Respektierung von Rang und Revier gemeint. Es ist also ganz leicht, an der jeweils anderen Seite vorbeizukommunizieren. Im Einzelfall kann das drastische Folgen haben.

Viele sogenannte Störungen führen die hierarchiegeneigten Vertikalen eigentlich aus einem sehr konkreten Grund durch. Im schlimmsten Fall richten sie damit Meetings zugrunde, aber das ist oft ein Kollateralschaden, den sie ursprünglich gar nicht wollten. Denn die mächtigsten Achsen in ihrem Habitat sind nun einmal die von Rang und Revier. Diese Bedürfnisse nach Rangorientierung werden von horizontal orientierten Gegenübern oft frustriert (weil sie sie nicht kennen). Weil die hierarchische Desorientierung für vertikal kommunizierende Leute aber so demotivierend und manchmal geradezu schmerzhaft ist, starten sie Versuchsanordnungen, um die aktuelle tatsächliche Ranglage herauszufinden. Das sieht für Außenstehende dann wie eine Störung aus, ist aber in Wahrheit die Äußerung eines dringenden Bedürfnisses, das nicht sachlich, sondern politisch beantwortet werden muss.

Um noch einmal das Science-Fiction-Genre zu bemühen: Im einschlägigen Epos »Dune« kommt es zu einer Szene, in der dieser Systemwiderspruch mit seinem unterschiedlichen Verständnis von Höflichkeit schön plastisch wurde. Die Einheimischen haben sich in der Wüstenumgebung ihres Habitats einen extrem sparsamen Umgang mit Flüssigkeiten angewöhnt. Als nun einer ihrer Vertreter mit dem Herrscher eines anderen, wasserreichen Planeten zusammentrifft, begrüßt er ihn, indem er vor ihm ausspuckt. Was die Begleiter des Herrschers sofort als Beleidigung auffassen und zur Waffe greifen lässt. Ein erfahrener Vertrauter des Herrschers allerdings versteht, dass ein Ausspucken an diesem extrem trockenen Ort etwas ganz anderes bedeutet, nämlich ein freiwilliges Opfer von Flüssigkeit. Und damit aus der Sicht der Wüstenleute sogar eine Ehrenbezeugung darstellt. Das muss er seinen eigenen Leuten erst einmal erklären. Als Störung war das gar nicht gemeint, sondern als positive Botschaft, als einladendes Zeichen, ja vielmehr als Entgegenkommen.

Der schon einmal erwähnte Doodle-Report listet auf, was viele Menschen in Meetings als besonders unangenehm empfinden. Es sind Klassiker, in zunehmender Ärgerlichkeit:

- Leute, die während des Meetings an ihrem Laptop arbeiten
- Permanente Schweiger

- Essen während des Meetings
- Leute, die lange über nichts Relevantes reden
- Zu spät kommen, zu früh gehen
- Nebengespräche
- Leute, die andere unterbrechen
- Entgegennahme von Anrufen während eines Meetings

Das alles kommt so oft vor, dass es statistisch signifikant ist. Es deckt sich völlig mit meinen eigenen Beobachtungen von Meetings in allen Branchen.

Je nachdem, aus welchem Sprachsystem die Anwesenden in einem Meeting kommen, müssen solche Interventionen oft in einer Weise beantwortet werden, die nicht immer leichtfällt: Es geht hier um das Betreten eines fremden Sprachsystems.

Die meisten Verhaltensweisen, die in Meetings wechselseitige Missverständnisse oder blanken Ärger hervorrufen, haben damit zu tun, dass im horizontalen System das größte Augenmerk auf verbalen Austausch gerichtet wird, der mit einer hohen Wortdichte und hohem Tempo realisiert wird, woanders aber nicht. Ebensolches Sprechen wird auch von anderen erwartet, und wenn das ausbleibt oder mit etwas ganz anderem beantwortet wird, schwillt der Kamm. *Ich habe doch eben ganz genau begründet, warum wir das so oder so machen sollten, während der Typ sich die ganze Zeit, ohne mich auch nur einmal anzusehen, pausenlos auf irgendetwas auf seinem Laptop starrt und mit seinen Fingern laufend für kleine*

*Klickgeräusche sorgt. Entweder ist ihm langweilig, oder er hat irgendetwas sehr Wichtiges auf seinem Gerät zu tun (aber warum macht er das gerade jetzt?) oder er hält nichts von mir. Was auch immer er meint: Es irritiert mich maßlos. Und ich zwinge mich, das zu ignorieren, und mache weiter, als wäre nichts. Aber ich hasse ihn.*

## Die Welt der Gebärden

So reagiere ich wahrscheinlich, wenn ich es gewohnt bin, mich in einem horizontalen, inhaltsorientierten Setting zu bewegen. Aber wenn ich schon einmal mit Leuten aus dem vertikalen System zu tun hatte (die mit den blauen Flügeln), könnte ich wissen, dass dieser Typ gerade intensiv kommuniziert. Auch wenn er kein einziges Wort äußert! In seinem System gibt es nämlich eine ganz klare Stufung von Botschaften und das, was man tun kann, *ohne* ausformulierte Worte zu verwenden, rangiert dabei ganz oben.

Achten Sie einmal darauf, welchen Eindruck es auf Zuschauende macht, wenn eine Politikerin oder ein Politiker im Fernsehen eine Regierungserklärung abgibt, und rechts oder links von ihr oder ihm steht jemand, die das in Gebärdensprache darstellt, in gleicher Bildgröße.

Irgendwann werden Sie sich eingestehen müssen, dass diese Bewegungen Sie komplett ablenken können von dem, was die eigentliche Hauptperson gerade verbal äußert. Weil das, was da jemand mit Händen und Armen oder der Mimik macht, eben auch eine eindrückliche Kommunikationsform darstellt! Und optisch ziemlich laut sein kann.

Wenn es ein Problem im Meeting gibt – auch wenn das noch nicht thematisiert wurde – dann reagieren viele vertikal orientierte Menschen zunächst mit Bewegungen des Kopfes, des Gesichts, der Finger oder Hände, der Arme, des gesamten Rumpfes – nicht gleich mit Verbalbotschaften. Gebärdensprache sozusagen. Das verstehen sie in ihrem eigenen Sprachuniversum als sehr deutliche Äußerung. Sie erwarten dann entweder eine sprachliche Reaktion im Rahmen ihres eigenen Musters, also etwa auch eine körperliche Bewegung im Raum – den sogenannten Move Talk – oder das Aufgreifen ihrer Botschaft in beschreibender Form. Erst wenn Sie das tun, betreten Sie dieses fremde Universum und bekommen die Aufmerksamkeit, die Sie wollten. Ich fasse mich kurz an dieser Stelle, weil ich die Systematik dieser Systeme in anderen Büchern ausführlich dargestellt habe (»Das Arroganz-Prinzip« und »Mit Ignoranten sprechen«). Noch zu Zeiten des Freiherrn von Knigge galt übrigens nicht nur das Wort als Sprache, sondern »Gebärdensprache« als völlig gleichberechtigt. Das Verständnis dieser Gleichwertigkeit ist uns in hohem Maß verloren gegangen. Viele von uns achten, auch in Konflikten, in erster Linie auf Formulierungen. Womit es zur täglichen Wiederholung kommt, dass man aneinander vorbeiredet. Ganz zu schweigen von körperlosen Kommunikationsformen wie Mails oder Messenger-Diensten …

Um bei unserem Beispiel zu bleiben: Der schweigende Laptop-Kollege macht ja ganz offensichtlich etwas mit seinem Körper im Raum (auch wenn es nur aus Sitzen, nicht Hinsehen, mit den Fingern auf der Tastatur Klackern besteht); also stellen Sie eben auch etwas mit Ihrem Körper im Raum an, Sie gehen beispielsweise langsam zu ihm hin und bleiben vor ihm stehen. Oft reicht das schon, um ihn zu einer Frage oder einem Blick zu bringen, also bereits zu einer Reaktion. Oder Sie beschreiben, was Sie sehen – *beschreiben*, auf keinen Fall bewerten (»das ist jetzt aber nicht sehr professionell«) oder selbsterfahrungsmäßige Geständnisse ablegen (»das verletzt mich aber!«).

Beschreiben also, etwa im Sinn von »Sie arbeiten auf Ihrem Laptop« oder »Sie schauen niemanden an«. Ganz neutral. Womöglich müssen Sie genau dasselbe noch einmal sagen. Aber ziemlich sicher bekommen Sie eine Antwort, indem er etwa sagt: »Ja, genau. Na und?«. Dann ist unser Freund ein bisschen auf Krawall aus (den kann er haben). Oder indem er sich gleich ertappt fühlt, sein Gerät zuklappt und irgendwas murmelt (»man wird ja wohl noch was arbeiten dürfen«).

Denn auch die Leute, die vermeintlich nur schweigen, kommunizieren, was ihnen Platz zwei in der Doodle-

Liste der Störungen gebracht hat. Vermeintlich, weil sie tatsächlich nur nichts verbal von sich geben. Aber währenddessen sehr oft mit ihrem Körper im Raum sprechen und das sehr deutlich. Ich erinnere mich gut an eine Gruppe von Parlamentarierinnen, die mir einmal erzählte, wie die Meetings mit einem Minister (ihrer eigenen Partei!) abliefen: Eine Kollegin referierte zu einem Thema, während der Herr Minister die *ganze* Zeit aus dem Fenster schaute (!). Und sich alle ärgerten, aber niemand es ansprach (!). Als ob diese Botschaft des Ministers zur Relevanz der Abgeordneten nicht unmissverständlich gewesen wäre.

Auch die Kollegin, die scheinbar nichts sagt, aber laufend mit den Schultern zuckt oder die Augen verdreht. Wie kann man auf die Idee kommen, dass die nicht spricht?!

Das Essen während des Meetings gehört auch in diese Kategorie, Doodle Platz drei. Zugegeben, es kann Ausdruck einer armseligen Firmenkultur sein, wenn Mitarbeiter am Schreibtisch essen müssen oder wollen. Meetings etwa zur Zeit der Mittagspause anzusetzen, ist ganz nebenbei, eben ein professioneller Fehler.

Aber dieser theatralische Essens-Akt kann tatsächlich auch ein absichtsvoller, ziemlich aggressiver Vorgang sein. Wenn eine Mitarbeiterin in der Präsentation eine brillante Analyse nach der anderen vorstellt, und dann der Kollege demonstrativ seine flache Schachtel aufmacht und anfängt, den öffentlichen Verzehr von Pizza Margherita (oder Schlimmerem) zu inszenieren, dann ist das nun mal eine echte Ansage. Bis hin zur olfaktorischen Aggression.

Wenn ich diesen Vorgang als Moderatorin oder Moderator übersehe, kann das keine guten Folgen für mein Meeting haben. Wie man dem entgegentritt? Genauso wie mit dem Laptop, indem man beschreibt, was da stattfindet (»Sie essen eine Pizza.« – »Genau, ich hab ja auch Hunger.« – »Sie essen eine Pizza. Aber hier ist ein Meeting.« – »Irgendwo muss man ja essen.« – »Sie können die Pizza gern essen. Aber nicht jetzt.« – »Wo denn sonst?« – »Nicht hier«). Diesen A-B-A-B-A-B-Dialog müssen Sie jetzt durchhalten.

Aber Sie merken schon, dass das bereits anspruchsvoller wird. Das läuft auf eine offene Auseinandersetzung heraus. Aber die haben nicht Sie eröffnet, sondern die andere Seite. Essen im Meeting ist alles andere als eine harmlose Nahrungsaufnahme (wobei wir voraussetzen, dass Sie nicht so gedankenlos waren, ein Meeting in die Zeit der offiziellen Mittagspause zu terminieren). Im Zweifelsfall müssen Sie tatsächlich das Meeting unterbrechen, bis das mit der oder dem Betreffenden geklärt ist. Es geht hier weder um Hunger noch um schlechte Erziehung, sondern um den Schutz einer produktiven Atmosphäre im Meeting. Genau angesichts solcher Kleinigkeiten, die tatsächlich alles andere als das sind, weil sie nämlich das gesamte Klima einfärben, wird die Qualität von Austausch verteidigt, deren Hüter nun einmal die sind, die den Moderationsjob haben.

## Dauerredner, Zu-spät-Kommer

Es wird leider auch nicht leichter, wenn die Störung allein verbal daherkommt. Nummer vier der Doodle-Studie: die Dauerschwätzer. Das machen übrigens auch gern horizontal orientierte Leute. Da führt dann kein Weg daran vorbei, dass Unterbrechungen zur moderatorischen Pflicht werden. Wenn man das nicht über sich bringt, sollte man es sein lassen mit der Moderation. So deutlich muss man das sagen.

Man kann es ja zunächst mit einer vollen Charme-Offensive probieren (später könnte man unfreundlicher werden, aber wirklich erst später). Kollege A kommt vom Hundertsten ins Tausendste, hat völlig den Faden verloren, hört sich aber gern selbst zu? Dann sehr freundlich lächeln und ihm ins Wort fallen: »Herr Kollege«, wenn er das überhört: »Herr Kollege« (erinnern Sie sich an Mike Pence?), wenn er weiterredet, kommt erst ein Move-Talk-Element, etwa der in seine Richtung erhobene Arm, die ihm entgegengehaltene flache, aufgestellte Hand (das zwingt ihn zum Herschauen) und dann ein einfacher Basic Talk, langsam und laut, zum Beispiel: »Mo-ment« oder »Spä-ter«. Das müssen Sie in schweren Fällen sogar mehrfach wiederholen, bis er zu sprechen aufhört (bitte die Geduld nicht verlieren; es wird funktionieren). Spätestens jetzt sollten Sie das Lächeln ausschalten. Dann können Sie zurück zum Thema kommen oder sagen, was

Sie sagen möchten. Wenn es wieder läuft, darf das Lächeln zurückkommen.

Komplexer wird es auch beim nächsten Störungsfaktor. Das Meeting fängt um drei Uhr an, aber die Kollegin B kommt immer fünf Minuten nach drei, auch mal zehn Minuten später. Immer. Jedesmal murmelt sie eine Entschuldigung (»Da war noch ein wichtiger Kunde in der Leitung«; »ich konnte gerade nicht abbrechen«; »ihr habt bestimmt schon angefangen, sorry«). Kann alles mal sein. Wenn es aber regelmäßig so ist, dann nicht mehr.

Dieses Verhalten wird oft von Führungskräften vorgelebt und dann von anderen nachgemacht. Und in aller Regel ist es ein Zeichen von Respektlosigkeit: Meine Zeit ist nun mal wichtiger als deine oder, noch schlimmer: wichtiger als eure Zeit, denn es ist ja eine ganze Gruppe betroffen. Es kann auch Notwehr sein, weil die Meetings um die es geht, sinnlose Blödheitsveranstaltungen sind, bei denen nur Zeit verschwendet wird. Warum sollte man zu so etwas pünktlich kommen?

Wenn das aber nicht so ist, sondern das Meeting tatsächlich Sinn ergibt, ja sogar eine hohe Bedeutung hat, dann muss das gegenüber Kollegin B thematisiert werden. Am besten zuerst unter vier Augen, mit einer Vorwarnung: *Liebe B, ich muss dir leider sagen – wenn das jetzt so weitergeht, dann muss ich das vor allen anderen ansprechen. Das gefällt dir nicht und mir auch nicht, aber ich bin ja die Moderatorin, es stört alle, die sich die Zeit genommen haben, also werde ich es machen müssen.* Das wird oft schon reichen.

Aber wenn nicht, dann wird es unangenehm. Dann kommt B wieder zu spät, schiebt wieder irgendwas vor, nur sagt die Moderatorin dieses Mal zu ihr, vor aller Ohren »Liebe B, Du kommst jetzt zum dritten Mal zu spät in dieses Meeting, warum ist das regelmäßig so?« – »Ja, absichtlich mache ich das ja nicht. Das Geschäft muss doch vorgehen. Und wenn ein Kunde …« – Unterbrechung, freundlich: »Liebe B, so geht das nicht. Alle sind pünktlich. Das erwarten wir auch von dir.« – »Es muss doch aber möglich sein …« – Unterbrechung, ohne Lächeln, neutral: »Du bist professionell genug, um das zu steuern.«

Eigentlich ist es gar nicht so wichtig, was die Moderatorin an dieser Stelle im Einzelnen sagt. Das Wichtige ist nur, dass B zukünftig damit rechnen muss, jedesmal vor allen anderen auf ihr zu spätes Eintreffen angesprochen zu werden. Es darf ihr ruhig ein bisschen peinlich sein. Das nützt dem Rest der Gruppe.

Das gilt auch ebenso bei denen, die gern einmal zu früh gehen; es sei denn, es war vorher ausdrücklich und begründet angekündigt worden.

Ich höre an dieser Stelle immer wieder den Einwand, so etwas könne man sich mit Müh und Not bei gleichrangigen Kolleginnen und Kollegen erlauben, aber nicht bei Chefs. Das würden die einem nicht verzeihen. Doch es gibt eine Karte, die Sie auch dann ziehen können, wenn es die Chefin oder der Chef ist, die Sie für Ihr Verhalten kritisieren müssen.

Die Karte hat eine Vorder- und eine Rückseite und in diesem Spiel sind beide Seiten relevant. Wenn es um Störungen von Vorgesetzten vom vertikalen Planeten geht, dann erinnern Sie sich daran, dass Rang- und Revierfragen für die von existenzieller Bedeutung sind. Darum schalten Sie einfach ein oder zwei Sätze voran, die genau diese Achsen ansprechen, bevor Sie Ihre Kritik äußern. Damit antworten Sie nicht nur auf ein eigenes Bedürfnis der anderen Seite, sondern werten sich selbst auch noch auf. Es findet dann eine klug balancierende Ausgleichbewegung statt, die der »störenden« Seite den Wind aus den Segeln nimmt und Ärger sehr oft verhindert: »Sie sind der Abteilungsleiter … Ich bin die Moderatorin … Wir müssen jetzt zum Thema kommen.« Oder »Sie sind der Chef … Ich bin die Moderatorin dieses Meetings … Aber das geht so nicht.« Wie seinerzeit bei Chris Wallace und Donald Trump. Auch wenn es communityorientierten Leuten schwerfällt, das zu glauben: den hierarchielastigen Kontrahenten tut diese öffentliche Ranganerkennung derartig gut, dass sie die Kritik verzeihen und oft sogar wohlwollend annehmen.

Die andere Seite der Karte betrifft die Störungen von horizontal interessierter Seite. Die werden weniger räumlich-choreografisch auftreten, aber auch wenn sie vor allem verbal sind, können sie massive Wirkungen haben. Wenn also die Chefin im Meeting ermüdend im Kreis herumredet, ohne auf den Punkt zu kommen, dann holen Sie sich in Erinnerung, dass es auch bei den Bewohnerinnen und Bewohnern dieses Planeten zwei Achsen gibt, die ausschlaggebend sind. Allerdings sind es ganz andere als bei den Hierarchiefans. Im horizontalen Habitat geht es um Zugehörigkeit und Inhalte; nicht um Rangfragen.

Also thematisieren Sie in diesem Fall *nicht* die Rangfrage, sondern Zugehörigkeitsthemen: »Du weißt ja, wie wir deine Haltung schätzen, aber wir sollten doch zurück zum Thema« oder »Liebe Eva, das ist bestimmt anregend für alle, aber das machen wir besser später«, Lächeln, freundschaftliche Gesten.

## Die Symptome der Pest

Nebengespräche, Telefonieren während des Meetings und Unterbrechen anderer finden zwar in unterschiedlicher Lautstärke statt, können aber jedes Meeting vernichten (siehe Doodle-Liste). An diesen Störungen beteiligen sich horizontal interessierte Leute selten, vertikale hingegen laufend.

Dieses Verhalten stellt in Meetings eine ausgesprochene Pest dar, die sofortiges Eingreifen erfordert. Sonst wird das ansteckend! Sehr oft wurde der betreffende Virus von der Moderatorin oder vom Moderator allerdings selbst freigesetzt. Wenn die Symptome erst einmal auftreten, ist es bereits höchste Zeit.

Die dramatischsten Szenen sind natürlich die, wo jemand laut sich und sein Handy zum Mittelpunkt des Meetings macht und währenddessen alle Anwesenden in Geiselhaft nimmt (siehe dazu auch den »Slapstick im ICE«, Kapitel 9). Die Botschaft ist völlig unmissverständlich, auch wenn sie manche Anwesenden nicht wahrhaben wollen, weil sie sie so unsäglich deplatziert finden: *Ihr alle seid nun mal nicht so wichtig wie mein aktuelles interplanetares Anliegen*. Es ist also gerade heraus und ganz direkt ein Rang-Statement. Womöglich hängt sich der Vorgang noch irgendwie ein Businessmäntelchen um (*Habt Ihr gehört, da ist der Vorstand dran, Wahnsinn*), es ändert nichts am Anspruch: *Die Nummer eins im Raum bin ich*. Wenn die Moderatorin oder der Moderator das so stehen lässt, kann sie oder er auch gleich das Meeting verlassen. Das wird hier nichts mehr. Irgendwann werden andere folgen und eine Moderation wird zur Lachnummer.

Es gibt tatsächlich Firmenumgebungen, wo das laufend vorkommt und wo es gerade Führungskräfte permanent vormachen. Angesichts eines derart niedrigen Kommunikationslevels erlaube ich mir den Rat: Übernehmen Sie hier gar nicht erst eine moderierende Rolle. Sie können nur verlieren. Womöglich finden die Chefinnen oder Chefs das sogar hip oder sie geben es als kundenfreundlich aus. In Wahrheit hat es mit Professionalität rein gar nichts zu tun, sondern macht nur gemeinsames Arbeiten unmöglich. Hier gibt jemand bloß seinem narzisstischen Affen Zucker, mehr nicht.

Wenn diese Telefonierererei aber nicht zum erklärten Rahmen von Meetings gehört, sondern eine Abweichung von dem darstellt, worauf man sich eigentlich verständigt hatte, dann müssen Sie den Standard einfordern. Sorry, aber nun helfen Appelle oder gar indirekte Botschaften nichts mehr!

Es bieten sich handwerklich, nicht originell, aber wirksam, dieselben Tools an wie beim störenden Move Talk durch den Laptop-Bediener oder den Pizza-Esser: beschreiben Sie, was da geschieht, laut, langsam, ohne Schärfe (auch wenn Sie innerlich kochen), im Zweifelsfall in Endlosschleife: »Du telefonierst« – »Ich bin gleich fertig«, weiterreden – »Du telefonierst« – »Gleich« – »Du telefonierst« – »Das hier ist unser Meeting, aber du telefonierst«. Immer im selben unbewegten, langsamen Tonfall.

Nervig? Ja, das muss man dann schon werden! Wo bleiben die Argumente, die Begründungen? Zunächst nirgendwo, denn wir brauchen nicht das Verständnis des Störers, nur die Beendigung seiner Störung. Und dann, etwas später, dürfen die Gründe wieder Raum bekommen.

Inwiefern aber hatte die Moderatorin den Virus selbst freigesetzt? Weil sie wahrscheinlich aus einem System kommt, in dem man bei einem Meeting voraussetzt, dass alle im Sachlichkeitsmodus sind, sobald das Meeting anfängt. Das aber ist bei vertikal Kommunizierenden grundsätzlich nichts als eine fromme Annahme. In der Regel steht am Anfang von deren Zuhörfähigkeiten eine Rangbotschaft, dann erst fühlen sie sich adäquat angesprochen und können zum Thema übergehen. Bleibt diese Botschaft aus (weil die Moderatorin das in ihrem eigenen Heimatsystem nie braucht), dann versuchen diese Vertreter herauszufinden, wer denn dann die führende Person im Raum ist – wenn es die Moderatorin ja offensichtlich nicht sein will.

Und darum beginnen die Tests – via laute Telefonate, via Unterbrechungen (denn eine Chefin lässt sich ja nicht unterbrechen, das wissen die Ranginteressierten), via Move Talk, via Pizza, via Nebengespräche und was da sonst noch an Zeichenhandlungen fantasiereich entwickelt wird.

Anders als horizontal auftretende Moderatorinnen und Moderatoren manchmal vermuten, ist es gar nicht aufwendig, diese Rangfragen zu klären, nur gemacht werden muss es. In der Regel genügt es nämlich, ganz simpel zu Beginn der Sitzung, als sein eigener Herold, kurz festzustellen: »Ich bin die Moderatorin dieses Meetings, mein Name ist …«, ruhig ein bisschen feierlich, klar und deutlich. Das genügt dann auch schon, die potenziellen Störer haben die Ansage erhalten, die sie brauchen, und schon kann es losgehen. Auf diese Headline zu Beginn des Meetings kann man nicht deshalb verzichten, weil es vorher eine Information per E-Mail oder Slack gab, wo das drinstand.

Vielleicht erinnern Sie sich an einen Klassiker der Vertriebsliteratur »Eine Beschwerde ist ein Geschenk« (Janelle Barlow); die Einsicht des Buches war, dass eine Firma extrem viel lernen kann, wenn sie sich mit Kundenbeschwerden ernsthaft auseinandersetzt und sie nicht einfach nur als dümmliches Verhalten der Deppen sieht, die gefälligst nur das Produkt kaufen sollen.

So ist das auch mit vermeintlichen Störungen für Moderatorinnen und Moderatoren. Wenn sie sich damit ernsthaft auseinandersetzen, werden sie erst zu dem, was sie sein könnten. Ganz vorsichtig könnte man sogar sagen: Sie dürften demgegenüber fast so etwas wie eine gewisse Dankbarkeit entwickeln. Erst mit diesen Erfahrungen haben sie ihre Rolle zu Recht. Erst dann gibt's den schwarzen Gürtel.

# Kapitel 9

## Die Pontifexe bei der Arbeit

### Wie man Meetings anregend macht

## Das Geheimnis der richtigen Fragen

Gehen wir einmal davon aus, dass Phase eins bei einem Meeting erfolgreich absolviert wurde. Diese Phase ist gekennzeichnet durch die Ansprache der beiden im Raum wahrscheinlich vorhandenen Sprachsysteme – horizontal und vertikal. Erst wenn diese beiden Kommunikationswelten (und nicht nur eine!) adäquat angeregt wurden, bekommt die Moderatorin das, was sie nicht voraussetzen darf, sondern sich erst erarbeiten muss: Zuhörbereitschaft. Für die horizontal kommunizierenden Anwesenden bedeutet das die Ausgabe von Zugehörigkeits- und Inhaltsbotschaften: Lächeln, ein Scherz, eine Bemerkung zu einer privaten Information, ein kleiner inhaltlicher Hinweis. Angedockt. Bei den vertikal orientierten Teilnehmenden läuft das anders: Die wurden mit Handschlag oder choreografischen Zeichen begrüßt, ein kleiner Statushinweis gegeben (auf dem Chefplatz liegen schon meine Unterlagen, mein Sakko hängt dort über der Lehne) und am Anfang wird kurz mein Rang eingespeist (»Ich bin die Moderatorin dieses Meetings«; nicht etwa bloß der Vorname!). Jetzt hören mir auch die zu. Aber was passiert in Phase zwei, wenn das Meeting tatsächlich einigermaßen läuft? Dann geht es um die klugen Fragen.

Der dänische Fernsehsender TV2 wollte 2017 eigentlich nur einen einigermaßen intelligenten Werbespot für sich selbst machen. Was aber daraus wurde, war ein viraler Hit, der sich millionenfach im Internet verbreitete. Und zwar einfach deshalb, weil hier derart existenzielle Themen angesprochen wurden, dass sie weit hinausgingen über das begrenzte Interesse eines nationalen kleinen TV-Senders.

Im Film versammeln sich in einer Halle nach und nach mehrere Gruppen, die offensichtlich nichts direkt miteinander zu tun haben. Sie nehmen ihren Platz innerhalb einzelner, nur durch Bodenmarkierungen getrennter Bereiche ein. Eine Gruppe von Pflegekräften in weißen Klinikkitteln; eine Reihe von Frauen und Männern in Businesskostümen und -anzügen; Leute, die ein bisschen abgewrackter angezogen sind; eine Gruppe von muskelbepackten und auffallend tätowierten jungen Männern; Leute mit dunklerem Teint und Kopftüchern; eine andere Gruppe mit blonden Haaren und blauen Augen wie direkt aus Bullerbü. Jugendliche aus der Stadt mit stylishen Klamotten, Leute vom Land mit abgewetzten Arbeitskleidern. Angehörige einer religiösen Gruppe, Sportlerinnen und Sportler im Trainingsoutfit.

Sie alle stehen innerhalb ihrer Bodenmarkierungen und schauen die anderen Gruppen erwartungsvoll, aber auch skeptisch an. Geredet wird, wenn überhaupt, nur in der eigenen Gruppe.

Vor allen Gruppen befindet sich eine leere Wand. Dann stellt eine Moderatorin oder ein Moderator erst ganz harmlose Fragen: »Wer war früher der Klassenclown?«, woraufhin sich eine Reihe von Leuten lächelnd an die leere Wand begibt, sich dort hinstellt und von allen anderen in der Halle amüsiert betrachtet wird. Diese ehemaligen Klassenclowns sind schon eine ziemlich gemischte Gruppe, quer zu allen, die sich da so separiert im Raum befinden.

So geht es weiter, und die Fragen werden immer persönlicher. »Wer ist eine Stiefmutter oder ein Stiefvater?« Und wieder sind das völlig unterschiedliche Leute, die sich da vorne aufstellen, Leute im Banker-Outfit ebenso wie Rockertypen. »Wer glaubt an ein Leben nach dem Tod?«, das ist nun schon sehr privat, aber die Bühne füllt sich. Jenseits aller vorhandenen Gruppen entsteht auf jede weitere Frage hin sichtbar eine neue. Und alle schauen sich an und freuen sich aneinander. Die, die an UFOs glauben, wechseln sich ab mit denen, die gern tanzen. Das Vertrauen nimmt spürbar zu, dann fragt der Moderator, wer schon mal einen Übergriff erlebt hat … und danach, wer dabei schon mal die Aggressorin oder der Aggressor war. Und sogar da trauen sich unterschiedlichste Menschen nach vorn zu kommen, mit allem Ernst, aber auch mit dem Mut, sich zu zeigen. Dann kommen die, die letzte Woche Sex hatten, und die, die frisch verliebt sind, zeigen sich ebenso wie die, die sich einsam fühlen.

So geht das drei Minuten lang, mit immer wieder neuen Fragen. Dann ist es zu Ende. Im Raum hat sich unter all diesen Unbekannten fast so etwas wie Heiterkeit ausgebreitet.

Die Versuchsanordnung, die hier von einer Werbeagentur eingerichtet worden war und alle ihre Erwartungen übertraf, entspricht einem methodischen Klassiker aus dem Repertoire des Psychodramas. Man nennt ihn im Fachjargon »Soziometrie«, und dort wird diese Methode gern am Anfang von Workshops eingesetzt, wo sich lauter Menschen treffen, die noch nie miteinander zu tun hatten – wie auch gerade dort, wo sich alle zu kennen scheinen. Bei der Soziometrie soll etwas gemessen werden, und was soll das sein? Abstand. Oder eben auch Nähe. Den Messvorgang führen alle Beteiligten im Gehen und sich Hinstellen durch. Und die räumliche Distanz oder geringe Entfernung soll ein Indiz für die soziale Nähe innerhalb dieses spezifischen Raumes sein; insofern Soziometrie. Natürlich ist das nicht einfach ein empirisch zählbarer Vorgang. Aber für alle in der Gruppe doch von deutlichem Erkenntnisgewinn.

Mit den richtigen Fragen, die dann immer mit einer räumlich sichtbaren Bewegung beantwortet werden – wie im oben genannten Film – kann man Fremdheit schnell auflösen und Offenheit und ein Interesse aneinander jenseits aller bisherigen Gruppenzugehörigkeiten erreichen.

Ob das aber gelingt, steht und fällt mit der Haltung der Moderatorin oder des Moderators, die oder der den Anwesenden genug Rückhalt gibt. Und mit einem zweiten Faktor: den angemessenen, lockernden, befreienden Fragen. Sie dürfen nicht zu früh und zu plump privat oder gar voyeuristisch werden. Sie müssen andererseits aber auch herausfordernd genug sein, damit sie zu einer für den Rest der Anwesenden relevanten Information führen; auch oder gerade wenn sie überraschend ist.

Profis mit Interviewerfahrung wissen das. Es müssen gar nicht viele Fragen sein. Aber die richtigen. Und manchmal müssen sie nicht einmal in eine verbale Form gekleidet sein, sondern da genügt eine hochgezogene Augenbraue oder ein Räuspern, um eine weitere Antwort zu provozieren.

## Slapstick im ICE

Noch anspruchsvoller als bei einem Interview mit nur einem Gegenüber ist allerdings die Gruppensituation, vor der Moderatorinnen und Moderatoren regelmäßig stehen. Auch hier sollten sie sich vorher, für alle Fälle, ein paar Fragen überlegt haben, mit denen sie neue Blickwinkel auf ein vorgeblich bekanntes Problem oder Thema herbeiführen können. Allerdings gilt für sie ebenso wie bei einem Interview im Fragevorgang eine eherne Regel: Mach dir vorher deine Frageliste. Aber sei auch bereit, sie aufzugeben!

Es gibt nichts Langweiligeres als jemand, die oder der sich einen kleinen Fragenkatalog aufgeschrieben hat (oft sind es ja leider nicht einmal besonders anregende Fragen), und ihn dann gnadenlos durchexerziert. Und zwar obwohl jemand anderes gerade eine Antwort gibt, die wirklich mal reizvoll ist und die ganze Gruppe weiterbringen könnte – nein, steht nicht auf meiner Liste, nicht weiter zuhören, nächste Frage, Abhaken, Ende jeden Interesses. Das ist dann nur eine besondere Form von Geistesabwesenheit. Mindlessness.

Man kann sich überlegen, worin die blödere Variante besteht: Überhaupt keine Fragen im Ärmel zu haben oder betonmäßig nicht vom eigenen Fragekonzept abzuweichen. Allerdings fällt mir noch eine dritte Möglichkeit ein, die mir oft selbst in Interviews begegnet: Fragen, die nur gestellt werden, damit die fragestellende Person ganz genau den eigenen Standpunkt von der befragten Seite bestätigt bekommt. Es ist so eine Art Spiegelungsvorgang: Ich will nur exakt das haben, was ich auch bestelle. Abweichende – jedoch vielleicht inspirierende – Auskünfte stören bloß …

Ellen Langer, über deren Arbeiten zu »Mindfulness« wir schon kurz gesprochen hatten, hält es für eine der wesentlichen Eigenschaften von Geistesgegenwart, sich nicht nur wirklich für neue Informationen zu öffnen (auch wenn sie noch so ungewohnt sind) und mehr als einen Gesichtspunkt an sich heranzulassen. Darüber hinaus empfiehlt sie auch, im bereits vorgefundenen Kontext auf dort bereits vorhandene Chancen zu achten, die wir aus blöder Routine heraus nicht nutzen.

In der Tradition des Improvisationstheaters würden Spielerinnen und Spieler das etwas anders ausdrücken, aber etwas Vergleichbares meinen. Sie gehen nämlich von der Annahme aus, dass alle Menschen laufend kommunikative Einladungen aussprechen. Der Erfinder des Improtheaters, Keith Johnstone, spricht von »Angeboten«. Seiner Meinung nach schwimmen wir sozusagen in einem Milieu solcher Angebote, sobald andere Menschen auch nur in unserer Nähe sind. Die fluide Reaktionsbereitschaft vieler Impro-Leute hat sehr viel mit dem Mindset klassischer Kampfkünste zu tun. Allerdings haben wir oft den Reflex, diese Angebotssignale zu übersehen, etwa weil wir nur auf ausformulierte Sätze achten oder auf logische Sinnhaftigkeit. Oder wir ahnen, dass es unangenehm viele Folgen nach sich ziehen könnte, wenn wir auf solche Zeichen eingehen würden. Wie kann so ein Angebot im Alltag aussehen?

Versetzen wir uns in einen voll besetzten ICE auf der Rheintalstrecke. Das gab es ja vor Corona ziemlich häufig. An einem Vierertisch haben sich zwei Männer um die fünfzig breitgemacht, Aktentasche, Laptop, Jacken sind auf Tischfläche und Sitzen großzügig drapiert, wie man das halt so macht, wenn man ein möglichst großes Revier markieren und unter sich bleiben will. Darüber hinaus verstehen sie offenbar diesen ganzen Wagen als ihre Bühne und alle anderen hier als Publikum. Einer von ihnen telefoniert laut in sein Handy, während seine Mutter, mit der er offensichtlich gerade redet, ihm auch über seinen eingeschalteten Lautsprecher antwortet, Thema: Urlaub. Hin und wieder gibt auch noch sein Kompagnon einen Kommentar dazu ab. Den ganzen Auftritt der beiden Herren nebst Mama kann man nun einfach als unhöfliche Frechheit sehen und sich lange Zeit darüber ärgern (ich gestehe, das habe ich auch zunächst gemacht).

Als das immer länger so ging, fiel mir zum Glück ein Workshop ein, den ich vor vielen Jahren mit dem greisen Keith Johnstone mitmachen konnte. Keith hatte uns seinerzeit stundenlang in Alltagssituationen üben lassen, auf die kommunikativen Zeichen um uns herum zu achten, und hier im ICE wurde mir plötzlich klar, dass auch diese drei permanent ihre Angebote machten – aber niemand spielte mit! Das musste sich ändern.

Also nahm ich das Angebot an und beteiligte ich mich ab sofort an diesem Stück. Von meinem Platz in vier Reihen Entfernung schaltete ich mich in das Gespräch mit Mama ein, in derselben Lautstärke wie die Beteiligten. Als ich ausrief: »Hat sich Mama schon mal die Ostsee überlegt? Da kann man doch auch schön Urlaub machen«, kam es zu einer kleinen Pause bei den beiden Männern – wie wenn sie ihren Ohren nicht trauen würden. Mama bekam davon allerdings nichts mit und machte ungebremst weiter, woraufhin ich wiederholte: »Die Ostsee – ist doch auch nett. Fragen Sie doch mal Mama!« Nun flüsterte (!) der Telefonand in sein Handy: »Ich glaube, wir müssen Schluss machen, das stört hier schon die Leute.« Noch zwei kurze Abschiedssätze, dann war tatsächlich Schluss. Hätte man natürlich noch weiterspielen können …

Solche Angebote werden tatsächlich laufend unterbreitet. Wir selbst machen ja übrigens auch welche. Eine Moderatorin oder ein Moderator sollte sie erst recht sehen. Wenn der Kollege, der eine mächtige Fraktion im Meeting vertritt, die Arme vor der Brust verschränkt und sich nichts mehr notiert (obwohl er das vorher die ganze Zeit gemacht hatte), ist das eine Einladung! Nun will er nach seiner Meinung gefragt werden; sich zu Wort zu melden, hält er für sich und die Gruppe, die er repräsentiert, für unter seiner Würde. Also los, frag ihn! Oder lass es bleiben und trage die Konsequenzen.

Vor lauter Sachorientierung werden Moderatorinnen und Moderatoren manchmal blind für vergleichbare Botschaften. Wenn im Jour-fixe-Termin zehn hoch qualifizierte Wissenschaftlerinnen sitzen und eine von ihnen macht nie einen Redebeitrag, zieht sich aber immer dann, wenn sie etwas kritisch sieht, mit einem gurgelnden Ton laut den Rotz hoch (sowas findet tatsächlich statt, glauben Sie mir), kann man es natürlich peinlich finden und darüber hinwegsehen. Oder es als auf seine Weise originelles Angebot verstehen, auf das man unbedingt eingehen muss!

Mit einer Feststellung (»Jetzt ist deine Gurgel zu hören«); mit einer Frage »Willst du dazu etwas sagen?«; mit einem ähnlichen Geräusch als Antwort; mit einer demonstrativen Pause; mit einem Move Talk; mit was auch immer. Nur einfach darüber hinweggehen sollte ich nicht! Johnstone hat dazu lapidar gemeint: »Wenn man gelernt hat, Angebote zu akzeptieren, können unvorhergesehene Zwischenfälle die Handlung nicht mehr unterbrechen« (a. a. O., 169). Allerdings ist es dann vielleicht eine andere Handlung, als ich ursprünglich vorgehabt hatte …

## Der Job der Pontifexe

Wenn sich Leute mit unterschiedlichen Sprachen am selben Tisch gegenübersitzen, kommt man ohne Dolmetscher nicht weiter. Damit sind nicht einmal grammatikalisch verschiedene Idiome gemeint, klar ist Arabisch etwas anderes als Mandarin oder Französisch. Es ist fast etwas schwieriger, wenn die Unterschiedlichkeit der Kommunikationswelten lange nicht auffällt, weil die Anwesenden so tun, als wäre das alles unterschiedslos deutsch. In der Regel ist es das aber nicht!

Denn die Menschen aus der technischen Herstellung kennen nicht nur eine andere Terminologie, sie reden auch anders, vielleicht einsilbiger, mit mehr Pausen und mehr choreografischen Anteilen. Anders jedenfalls als diejenigen aus der Personalabteilung, wo es zum guten Ton gehört, persönlichere Botschaften zu geben und das auch noch in hoher Wortdichte und wiederum mit völlig anderer Begrifflichkeit. Ebenso liegen zwischen den Leuten aus der Forschung und sogar denen in ihrer eigenen hausinternen Verwaltung Welten (Professorin und Hausmeister! ein Kapitel für sich) und so weiter. Davon abgesehen, dass die einen in der Regel kaum wissen, was die anderen eigentlich arbeiten; sie machen sich ungefähre Vorstellungen, wissen es aber nicht wirklich.

In den meisten Meetings treffen auf diese Art unterschiedliche Herkünfte aufeinander, die Newcomer, die alten Hasen, die vor der Rente, die Zwangsversetzten, die Akademiker, die mit einer handwerklichen Lehre und viele mehr. Wer bringt die dazu, sich füreinander zu interessieren und die wechselseitige Fremdheit nicht blockierend werden zu lassen? Obwohl ich das hier so raffiniert wie möglich nicht direkt formuliere, ahnen Sie vielleicht schon die Antwort.

Als die Bewegung des Christentums jung war, hatte sie sich innerhalb einer Generation im gesamten Mittelmeerraum verbreitet, und umfasste extrem unterschiedliche Kulturen und Sprachen. Von den hebräisch oder aramäisch sprechenden Konservativen aus Jerusalem bis zu proletarischen Sklavengemeinden in griechischen Häfen (deren Slang für Außenstehende kaum zu verstehen war), darunter viele Analphabeten, bis hin zu Leuten aus der patrizischen Oberschicht in der Metropole Rom, die gebildetes Latein sprachen. Sie hatten zwar ein paar gemeinsame Überzeugungen, aber verschiedener konnte man kaum sein. Ein paar Leute reisten zwischen diesen unterschiedlichen Welten hin und her oder schrieben den einen, was die anderen machten, bei wem eine Hungersnot herrschte und wer Hilfe brauchte oder verfolgt wurde. Diese Reisenden nannte man »Pontifex«, wörtlich »Brückenmacher«, weil ihr Einsatz die Kommunikationskanäle offenhielt. Einer von ihnen konnte das besonders wirksam, das war der Bischof von Rom. Den kannten nach einer Weile alle diese disparaten Gemeinden und es war zunächst nur sein vermittelnder Informationsvorsprung, der ihm damit eine immer wichtigere Rolle gab. Nach zwei, drei Generationen wurde daraus eine Funktion, die man dann irgendwann »Papst« nannte. Seine Macht war aber ursprünglich ganz simpel eine Informations- und Dolmetschermacht, zu mehr wurde sie erst sehr viel später.

Natürlich sind Moderationsleute auch solche Pontifexe (um mal einen inkorrekten Plural zu verwenden). Das schaffen sie nicht, wenn sie Angebote übersehen oder die Kommunikationsregeln nicht einfordern, auch nicht, wenn sie ihre Rolle nicht verteidigen oder die politischen Strömungen der Organisation nicht kennen. Wenn sie das aber machen, dann sind die Voraussetzungen gut, einen solchen Pontifex-Dienst zu leisten. Und wenn sie dann auch noch eine gewisse grundsätzliche Neugier auf alle diese Leute im Meeting entwickeln, können sie vielleicht sogar … so etwas wie eine Päpstin oder ein Papst in dieser Organisation werden.

Denn wer diese Aufgabe einigermaßen erfolgreich ausgeübt hat, ist damit ja in unterschiedlichen Kontexten öffentlich aufgetreten. Das sind für eine Karriere deutlich bessere Voraussetzungen als jedes Assessment oder irgendein standardmäßiges Auswahlverfahren. Moderatorinnen oder Moderatoren betreten, wenn sie das einigermaßen bewusst machen, was sie machen, einen Karriereweg, der weit hinausführen kann über die limitierte Aufgabe, die aktuell in ihrer Arbeitsplatzbeschreibung steht. Es geht dabei für sie selbst nicht einfach um ein gutes inhaltliches Ergebnis, das mit ihrer Hilfe vielleicht erreicht wurde, sondern, ganz nebenbei, um eine Selbstpräsentation auf der beruflichen Bühne, die noch für ganz andere Dinge Werbung macht. Jenseits des eigentlichen Projektanliegens handelt es sich für die moderierende Person eben auch um ein Casting (daher übrigens auch die Eifersucht anderer). Es gibt weniger gute Pontifexe, als die Betreffenden selbst meinen. Darauf kann man ohne Weiteres eine Karriere aufbauen.

# Kapitel 10

## Das demokratische Skelett

### Wann Geschäftsordnungen Empowerment bedeuten

## Die Spielverderbung

Spiele sind ebenso schöpferisch wie fragil. Sie tasten sich laufend an Grenzen entlang, oft in heiterer Leichtigkeit, vergnügt, aber wenn die Grenzen überschritten werden, kippt das Geschehen rasch. Dann ist das Spiel schlagartig vorbei, oft zum Bedauern aller Beteiligten.

Das kleine Mädchen steht vor mir und wir spielen, dass einer von uns einen Gegenstand hinter dem Rücken versteckt hält und ich oder sie ihn erraten muss. Es ist ein bisschen absurd, aber wir machen es abwechselnd, mit großem Spaß. Bis sie in der Hitze des Spiels hinter mich springt, und nun sehen kann, was ich in meiner Hand halte. Nun *weiß* sie es, das Erraten ist überflüssig geworden, aber damit hat das Spiel auch seine Pointe verloren und es wird schlagartig uninteressant. Wir wiederholen es noch einmal, aber es funktioniert schon nicht mehr. Spielbar war es nur, solange beide sich an die Regeln gehalten hatten.

Dann wechseln wir zu einem einfachen Kartenspiel. Als Erstes erklären wir uns die Regeln – und nach der Erfahrung von eben muss jetzt feierlich beschworen werden, dass sich jeder an die Regeln halten werde – und je klarer sie für uns beide sind, umso lockerer und freudiger wird es im Folgenden tatsächlich. Wer nach einer Sieben drankommt, muss zwei Karten nehmen. Das schmerzt ein bisschen. Aber es kann ja auch die anderen treffen.

Es gibt nichts Öderes bei so einem kleinen Spiel als jemand, die oder der nur nach den eigenen Regeln spielt oder es nicht erträgt, wenn die Regeln sich gegen sie oder ihn wenden: *Nach der Acht musst du eine Runde aussetzen – Ich doch nicht, andere vielleicht, aber ich mache weiter!* Und schon hört das Spiel wegen einer »Spielverderbung« auf.

Das sind Lektionen, die schon Kinder in allen Kulturen der Welt lernen, oft von ihresgleichen, oft im Bezug auf Überlieferungen, deren Wurzeln niemand mehr kennt. Aber es sind bewährte Regeln, damit es ein schönes Spiel sein kann. Dabei gibt es im Verhältnis zu den Regeln immer zwei Seiten derselben Medaille: Diese Spielregeln muss ich selbst einhalten und ihre Respektierung auch gegenüber anderen einfordern.

Johan Huizinga, der berühmte niederländische Kulturhistoriker, hielt dieses regelhafte Spielen für eine der mächtigsten Wurzeln menschlicher Kultur überhaupt. Er sagt dazu ausdrücklich: »(Das Spiel, d. V.) … schafft Ordnung, ja es ist Ordnung. In die unvollkommene Welt bringt es eine zeitweilige, begrenzte Vollkommenheit … Das Spiel bindet und löst. Es fesselt. Es bannt, das heißt: es bezaubert« (Huizinga, 19). Und zu den Spielregeln meint Huizinga: »Sie bestimmen, was innerhalb der zeitweiligen Welt, die es herausgetrennt hat, gelten soll. Die Regeln eines Spiels sind unbedingt bindend und dulden keinen Zweifel … Sobald die Regeln übertreten werden, stürzt die Spielwelt zusammen« (a. a. O., 20).

Es sei denn, die Regeln werden von jemandem verteidigt.

Das Spiel ist am leichtesten und am farbigsten, wenn es in einem durch Regeln geschützten Raum stattfindet. Ganz genau so ist es mit gelingender Kommunikation in Gruppen überhaupt. Nur wenn ich mich in Sicherheit fühle, kann ich mich risikolos am Spiel der Ideen beteiligen und aussprechen, was mir gerade durch den Kopf geht, neue Aspekte einbringen, Fragen stellen oder Vorschläge machen, ohne gleich heruntergemacht zu werden oder eine Retourkutsche befürchten zu müssen. Die Pointe des scheinbar Regellosen besteht darin, dass es von Regeln erst fruchtbar ermöglicht wird.

Genau hier liegt auch das Geheimnis von außergewöhnlich erfolgreichen Teams. Eine zweijährige Studie bei Google fand heraus, dass Innovation am ehesten in Gruppen entsteht, wo es den Mitarbeitenden angstfrei möglich ist, halbgare Ideen zu äußern und Vorschläge zu machen, auch wenn die Datenbasis dafür noch völlig unzureichend ist. Gerade die Unperfektheit ermöglicht Produktivität (Rozovsky)! Und das geht nur in Sicherheit. Dass das Unternehmen Google sich allerdings intern selbst nicht daran hält, steht auf einem anderen Blatt.

Die amerikanische Managementforscherin Modupe Akinola hat dazu festgestellt: »Wenn du in der numerischen Minderheit bist oder dich von allen anderen deutlich unterscheidest, dann wirst du Druck empfinden, dein eigener Zensor zu sein … Einfach deine Eigenschaft, die

Einzige zu sein, macht eine Umgebung psychologisch weniger sicher« (Tulshyan). Das gilt ganz offensichtlich für alle Minderheiten: die einzige Frau im Maschinenbaubetrieb, der einzige schwarze Spieler nach dem Spiel in der Kabine, die einzige blinde Mitarbeiterin unter lauter Sehenden im Büro. Eine Muslima mit Kopftuch beschrieb mir, mit Tränen in den Augen, ihre jahrelangen deprimierenden Sitzungserfahrungen so: »Wenn ich sage, das Gras ist grün, sagen alle: Nein, es ist blau.« Da hält man sich natürlich irgendwann bewusst zurück. Und damit verliert die gesamte Gruppe. Es sei denn, Höflichkeit haut rein.

Angesichts dieser Ungleichheiten ist es nur schwer nachvollziehbar, wenn sich größere Gruppen mit einem gewissen Produktivitätsanspruch treffen und von Anfang an auf Regeln verzichten, weil sie es angeblich nicht brauchen. Weil sie Kommunizieren für so naiv selbstverständlich halten. Als ob sich körper- und geschichtslose Wesen irgendwo voraussetzungslos im All begegnen würden, wo sich pure Vernunft mit purer Vernunft austauscht, maschinell, aseptisch. Vielleicht im All. Irgendwo. Aber auf diesem Planeten? Mit Vertretern der Gattung Homo sapiens im Meeting? Dream on.

## Wehrhaftigkeit der Moderation

Wenn alle sich daran halten, fallen sie nicht weiter auf. Aber wenn nicht, dann sind die Verstöße dagegen sofort das Lieblingsmaterial der Medien, dann bestimmen sie die Schlagzeilen, dann werden sie auf Youtube hochgeladen und zelebriert: die Geschäftsordnungen der Parlamente.

Scheinbar handelt es sich bei ihnen nur um Literatur der Gattung Beipackzettel, so kleinteilig, wie das formuliert wird, so unübersichtlich, so pingelig, gähn. Tatsächlich bilden diese Texte zusammen mit der Verfassung (wie in Deutschland das Grundgesetz) das Skelett jeder parlamentarischen Demokratie. Ohne diese knochige Struktur könnte sich ein gesellschaftlicher Körper nicht aufrecht halten. So wie es diese geschäftsordnenden Texte heute gibt, sind sie die Folge der Leiden aus einer Diktatur, die in Verbrechen unterging. Weil man so etwas nie mehr wollte, waren diese Texte genau in diesem Sinne abgefasst worden. Insofern klingen sie zwar nüchtern und trocken, aber eigentlich machen sie eine überaus entschiedene Ansage.

Weil man die antidemokratische Fantasie von Kriminellen im Parlament erlebt hatte, schrieb man diese Texte auch besonders akribisch und detailliert auf. Ihr Spirit dürfte getrost auch in alle Meetings von einiger Relevanz eingehen, auch wenn man einen Code of Conduct nicht so derartig im Einzelnen ausformulieren muss und so formal anzuwenden hat. Die Geschäftsordnung des deutschen Bundestages ist aber Empowerment – ein echter Text der Macht, weil er etwas ermöglichen soll, nämlich den freien Gedankenaustausch innerhalb einer großen Gruppe.

Deshalb widmet sich dieses Regelwerk, logisch, als Erstes der Vorphase einer Debatte: Termin, Tagesordnung, und der Frage, wer wie einlädt. Dann geht es darum, wer die Sitzungen leitet und beendet. Lange hält sich der Text mit dem Procedere auf, wer aus der Gesamtgruppe überhaupt wann sprechen darf (»nur …, wenn ihm der Präsident das Wort erteilt hat«, § 27). Diejenigen, die gerade das Wort haben, entscheiden auch selbst darüber, ob sie eine unterbrechende Frage überhaupt zulassen (!). Das gesamte Verfahren der Sitzung kann auch ganz grundsätzlich verändert werden mit einem Antrag »zur Geschäftsordnung« (§ 29). Wer aber so etwas beantragt, darf sich dann nicht gleichzeitig auch noch inhaltlich äußern.

Es ist der Präsident (in der aktuellen Fassung wird nur die männliche Form verwendet), der jeder und jedem dieselbe Redezeit gibt, nämlich nicht mehr als fünfzehn Minuten. Wird das überschritten, erfolgt ein Wortentzug. Wenn jemand herumlabert, nur nicht zum Thema, kann der Präsident »zur Sache verweisen« (§ 36). Wer übergriffig »die Ordnung oder die Würde des Bundestages verletzt«, bekommt zuerst einen sogenannten »Ordnungsruf«. Bei Wiederholungen geht es bis zum Wortentzug, einer Geldstrafe und im äußersten Fall bis zum Rauswurf aus der Sitzung und einem Ausschluss aus vielen weiteren Sitzungen (§§ 36–38). Im Einzelfall sogar unter Zuhilfenahme einer eigenen »Bundestagspolizei«. Der Präsident kann auch jede Sitzung, wenn nötig, unterbrechen.

Wenn wir einfach »Präsident« ersetzen durch »Moderatorin« oder »Moderator«, wird sofort klar, um was es hier geht: um eine zivilisierende Aufgabe. Natürlich hat eine von einem ganzen Parlament gewählte Präsidentin oder Präsident eine ganz andere Legitimation als die Moderatorin, die vom Vorstand mit dem Fallschirm über einem Projekt abgeworfen wurde, oder der Moderator, der von den Kollegen gar nicht für nötig gehalten wird. Aber wir sollten uns nicht täuschen über die Relevanz dieser Rolle. Carlo Schmid, einer der Väter des Grundgesetzes, hat in so einem Kontext von der »demokratischen Wehrhaftigkeit« geredet, ja von einem »Mut zur Intoleranz« denen gegenüber, »die die Demokratie gebrauchen wollen, um sie umzubringen« (zit. nach Staas).

Was passiert eigentlich dort, wo es keine Kommunikationsregeln für größere Meetings gibt?

Leider ist es dann eher die Ausnahme, wenn das produktiv wird. Die Regel ist a) folgenloser Stillstand oder b) Survival of the Fittest. Um das zu illustrieren, muss man nicht einmal die ganz großen historischen Analogien bemühen. Es reicht sozusagen ein Blick unter die Kühlerhaube.

Der VW-Konzern in der Vorphase des Dieselskandals etwa leistete sich regelmäßig große Gesprächsrunden über zwei Hierarchieebenen mit vierzig bis fünfzig Führungskräften vom Vorstand bis zum Hauptabteilungsleiter. So etwas wie eine Geschäftsordnung für Meetings gab es natürlich nicht. Ein Insider berichtet, bei einer Präsentation in diesem Kreis habe das eigentliche Kunststück darin bestanden, dass die vortragende Person überhaupt zehn Minuten zu ihrem Thema sprechen konnte, ohne dass man ihr ins Wort fiel. Der allmächtige Chef – sein Name spielt schon gar keine Rolle mehr, austauschbar, wie er ist – war nicht eben bekannt dafür, dass er gut zuhören konnte. Es war geradezu ein Ritual geworden, dass in solchen Meetings Mitarbeiter vor allen Versammelten zusammengestaucht wurden. Sogar ohne jede Hemmung in Anwesenheit externer Geschäftspartner.

Allerdings gab es in solchen Meetings nicht nur keine für alle verbindlichen Regeln, sondern erst recht keine Moderationsfunktion (Fromm). Diesen kommunikativen Standard muss man sich nur als repräsentativ für den gesamten Konzern vorstellen, dann bekommt man eine Vorstellung davon, wie Produktivität durch eine solche Meeting-Kultur nur abnehmen kann. Bis hin zum Betrug.

Was natürlich auch einfach damit zu tun hat, dass – wie relativ häufig im Bereich Maschinenbau – hier eine vertikal auftrumpfende, hierarchiebezogene Monokultur dominiert. Um effizient zu sein, bräuchte sie dringend einen horizontal gegenhaltenden Widerpart, aber den erspart man sich (und verzichtet stattdessen kosmetisch auf Krawatten zum Anzug).

So war das auch bei meinem Klienten, der in einem weltweit operierenden Konzern für schwere Baumaschinen tätig war. Seine Fachabteilung trifft sich regelmäßig einmal pro Woche mit fünfzehn bis zwanzig Teilnehmern. Mein Klient ist ein Quereinsteiger, was weitreichende Folgen für sein Meeting-Erlebnis hat – denn er stellt laufend Fragen, deren Antworten für die anderen aber schon längst zur Routine gehören. Mit dem Effekt, dass alle über den Kollegen herfallen und sich über seine vermeintlich blöden Fragen aufregen. Das geht regelmäßig so, bis er eben einfach irgendwann aufhört, seine Fragen zu stellen und gar nichts mehr sagt.

Weil die Meetings keine Tagesordnung haben, keine Moderatorin oder keinen Moderator, und keinerlei zeitliche Begrenzung, werden sie auch noch ausdrücklich und stolz als »hierarchiefrei« verstanden. Und weil der Abteilungsleiter darauf verzichtet, das Meeting zu leiten und sich demonstrativ mitten unter seine Leute setzt, gibt er diese Meetings sogar noch als Paradebeispiel für »New Work« aus! Davon hat er wohl irgendwo gelesen. Manchmal dauern diese glorreichen Versammlungen eine Stunde, manchmal drei. Zufrieden ist niemand.

Dann doch lieber eine beinharte Geschäftsordnung, oder?

Nur muss die dann auch jemand durchsetzen. Nur weil sie irgendwo hinterlegt wurde, nützt sie noch nichts. Das Ermächtigungsgesetz, das die Weimarer Republik 1933 an die Nationalsozialisten auslieferte, wurde in einem Versammlungsraum verabschiedet (der Kroll-Oper), in den man nur durch ein dichtgedrängtes Spalier von Tausenden SA-Männern gelangte. Nach Beschimpfungen und Bedrohungen durch den NS-Mob kamen die Abgeordneten in einen Saal, in dem sich unzählige uniformierte und bewaffnete SA- und SS-Leute aufhielten. Als die SPD-Abgeordneten sich auf ihre Plätze setzten, wurden sie von SA- und SS-Leuten umzingelt. Die Geschäftsordnung des Parlaments sah ein solches Verhalten gerade nicht vor. Aber der Parlamentspräsident ließ es zu. Er trug ja dieselbe Uniform.

# Kapitel 11

## Der brennende Reifen

### Wie Talkshows in Sackgassen landen

## Fremdbestimmte Skripte

Was man da einmal pro Woche auf dem Bildschirm sehen kann, mag für die zuschauenden Menschen ein gewisses Flair von Leichtigkeit und angenehm konzentrierter Unterhaltung haben, manchmal aber auch von Zirkus und Klamauk: Talkshows. Weil sie jede Woche zur selben Zeit ausgestrahlt werden, können sie sogar zu beruhigender Vertrautheit führen, ja zu einem medialen Lagerfeuereffekt.

Tatsächlich herrscht hinter den Kulissen ein strenges Regime. Zu keiner Sekunde gibt die Regisseurin (oder genauso gut ein Regisseur) die Kontrolle aus der Hand. Sie hat das Bühnenbild festgelegt. Sie bestimmt, wer wo positioniert wird, in der Regel sitzend, auf Stühlen, Sesseln, Barhockern. Sie hat festgelegt, was die Zuschauenden wahrnehmen werden (indem sie die Kameratechnik vorgibt), sie beherrscht die Beleuchtung ebenso wie die Hörbarkeit jeder Stimme. Sie folgt einem eigenen Drehbuch, das die Eingeladenen nicht kennen (manche erraten es); klar, das offizielle Thema ist ihnen bekannt – aber das ist ja etwas völlig anderes als ein Skript aus Absichten, die sich mit der Überschrift der Sendung überhaupt nicht decken müssen.

Die Regisseurin hat das hier alles so vorbereitet, dass sie den Effekt bekommt, den sie haben möchte. Die Darstellerinnen und Darsteller hat allein sie ausgewählt. Im Grunde sind die Teilnehmenden nur so etwas wie die ausführenden Verkörperungen von Rollen, die ihnen nicht mitgeteilt wurden, im schlimmsten Fall austauschbare Komparsen: die seriöse Wissenschaftlerin, der Paradiesvogel, die Moralische, eine politisch souveräne Figur, ein Krawallmacher, je nach Bedarf (ein Regierungsoberhaupt hat natürlich eine ganz eigene Rolle). Die Geübteren wissen Bescheid über diese ihnen zugedachte Rollenpolitik. Die anderen sind hinterher enttäuscht.

Schon in der Anfangsphase hinter den Kulissen werden den Gästen subtile Zeichen eines Machtgefälles vermittelt: Jemand holt die Betreffenden am Eingang ab (in der Regel nicht die Regisseurin, dafür hat sie ihre Leute); bringt sie in einen Wartebereich mit Small Talk und Getränken; dann kommt man in die »Maske«, wo einem klargemacht wird, dass Schwitzen vor der Kamera überhaupt nicht gut aussieht (aber bitte entspannen Sie sich doch); darum bekommt man Puder auf die Nase. Die Regisseurin alias Moderatorin schaut kurz herein, wechselt aber nur ein paar Sätze, denn sie ist nun mal busy busy (Sie sind gar nicht so wichtig, nicht, dass Sie sich was einbilden). Irgendwann gibt es so etwas wie einen Countdown. Sie sind eingewiesen worden, wann Sie an welchen Ort auf der Bühne gehen sollen und dann sitzen Sie schließlich im blendenden Licht der Scheinwerfer. Es ist viel wärmer, als Sie gedacht hatten. Fangen Sie jetzt etwa an zu schwitzen?

Von allen professionellen Settings, in denen Moderation eine Rolle spielt, ist die politische Talkshow im

Fernsehen diejenige, wo sich Macht bündelt wie nirgends sonst. Auch wenn das nie thematisiert wird und sie sich medial verbirgt. In der Funktion der Moderatorin oder des Moderators verschmilzt die Chefin mit der Freundin, der Inquisitor mit dem Techniker, die Journalistin mit der Zirkusdirektorin. Der laufende Wechsel zwischen diesen Ebenen macht so etwas wie eine eigenständige Positionierung der eingeladenen Protagonisten auf einer derart fremdbestimmten Bühne zu einer enormen Herausforderung. Viele, die zum ersten Mal bei so etwas mitmachen, kapitulieren auch bald und ergeben sich den Absichten der Regisseurin komplett – sie sind froh, wenn sie überhaupt einmal etwas sagen dürfen, warten auf Einsätze, die nie kommen, und haben hinterher das schale Gefühl, benutzt worden zu sein. Die Moderatorin hat ihnen brennende Reifen hingehalten und sie sind brav hindurchgesprungen. Für die teilnehmenden Profis, besonders aus den Bereichen der professionellen Politik oder des Journalismus, kommt das freilich nicht überraschend. Sie wissen, was ihnen bevorsteht, und nutzen die Bühne, die sie damit haben.

Der geheime Deal bei dieser Aufgabenverteilung funktioniert natürlich nur wegen der Macht der Moderatorin (ist sie das aber überhaupt?), jemanden vor einem Millionenpublikum sympathisch erscheinen zu lassen oder unmöglich zu machen.

In Deutschland sind es 2021 vorwiegend vier Moderatorinnen und Moderatoren, die die Sache unter sich ausmachen. Alle gehören zum öffentlich-rechtlichen Lager. Viele andere Formate bei den privaten Anbietern oder Versuche im Internet gehören eher zum Bereich von offensichtlichem Trash. Die älteste Talkshow ist die von Maybrit Illner (Sendung »Maybrit Illner«), hinzu kam Anne Will (»Anne Will«), schließlich Frank Plasberg (»Hart, aber fair«) und Markus Lanz (»Markus Lanz«). Sandra Maischberger (»Maischberger. Die Woche«) zählen wir nicht dazu, weil es da nur selten um Gruppensituationen geht, die moderiert werden müssten, eher um Interviews mit Einzelnen. Günter Jauch ist zwar populär, macht aber keine politische Talkshow. Äquivalente dieser deutschen Formate lassen sich in vielen europäischen Ländern finden, die »Arena« in der Schweiz (SRF), Österreichs »Im Zentrum« (ORF), Frankreichs »C'politique« oder in Italien »Porta a porta«; weniger in den USA (vielleicht weil das dort verbreitete Lagerdenken so etwas erschwert?). Von autokratisch regierten Ländern ganz zu schweigen, wo das sowieso nicht vorkommt.

Immerhin gibt es also diese Formate. Aber was machen die Moderatorinnen und Moderatoren daraus?

## Die Liebe zur Empörung

Seit Jahren haben viele Fachleute darauf hingewiesen, dass die Themen dieser Talkshows oft austauschbar sind. Immer wieder werden Themen nur deshalb aufgegriffen, weil es die anderen auch machen. Das löst bizarre Verstärkungseffekte aus, die völlig abgehoben sein können von der Realität außerhalb von Fernsehstudios. Viele der eingeladenen Gäste tauchen rituell immer wieder in einer der vier Veranstaltungen auf. Wirklich neue Gesichter sind eher die Ausnahme. Also, worin unterscheiden sie sich überhaupt?

Abgesehen von formalen Kleinigkeiten, wer wo sitzt oder wer wie oft eingespielte Filme einsetzt, ist es vor allem der Stil der Moderation selbst, der die Unterschiede ausmacht. Die Moderatorinnen und Moderatoren selbst sind das Alleinstellungsmerkmal, nicht etwa ein bestimmtes Anliegen. Besonders deutlich war das in Zeiten der Coronapandemie zu sehen, wo sowieso alle vier Talkshows laufend genau dasselbe Thema hatten.

Und wozu wird das überhaupt veranstaltet, wenn alle etwas im Prinzip Ähnliches machen?

Die Wissenschaftsjournalistin Mai Thi Nguyen-Kim, zu Gast bei Maybrit Illner, hat das einmal während der Sendung so auf den Punkt gebracht: »weil Medienschaffende und alle, die Medien konsumieren, Empörung lieben.« Das Thema der Sendung war »Freiheit, Solidarität,

Widerspruch – spaltet Corona das Land?«. Nguyen-Kim bezog diese Titelfrage aber auf das Medium der Talkshows selbst und meinte dazu: »Wir belohnen momentan diejenigen, die am lautesten schreien.« In Talkshows gehe es um Formeln wie »Empörung gleich Klicks gleich Einnahmen.« Ihr Fazit war deutlich: »Natürlich spaltet das eine Gesellschaft am Ende.«

In der Tat handelt es sich nun mal um Talk*shows*. Wobei die Show auf emotional durchaus unterschiedlichen Levels durchgeführt wird. Es ist dabei eher eine Seltenheit, wenn der Moderation ein echter Gruppenaustausch gelingt.

Anne Will etwa arbeitet ihr Drehbuch mit souveräner Kühle ab. Sie vertraut darauf, dass die eingeladene AfD-Vertreterin und der Politiker der Linken sich schon irgendwann an die Gurgel gehen, dann kann sie schlichtend eingreifen (und ihre sachliche Souveränität demonstrieren). Auch wenn es mal hitzig wird, verweist sie nicht auf die Regeln der Diskussion, sondern stellt mithilfe ihrer Moderationskärtchen eine sachliche Frage nach der anderen. Damit gelingt es ihr tatsächlich oft, eine unaufgeregte Atmosphäre zu erzeugen. Aber wenn es wirklich heftig wird, rutscht sie in die Haltung einer Beobachterin, in einer Mischung aus Hilflosigkeit und Showinteresse. Im Vergleich zu allen anderen Moderatoren ist sie diejenige, die am seltensten lächelt, was sie strenger erscheinen lässt, als sie ist. Aktive Bemühungen, zwischen den unterschiedlichen Positionen einen echten Austausch zu erreichen, unternimmt sie freilich selten. Mit ihren hervorragenden politischen Kontakten in Berlin schafft sie es immer wieder, besonders Prominente in ihr Studio zu bringen. Allerdings wirkt diese Gruppe dann oft wie eine Versammlung von Pressesprechern, die mehr oder weniger vorhersehbare Statements der Parteilinie absondern. Verbindungen zwischen den Positionen entstehen selten.

## Impertinenz und Zugewandtheit

Markus Lanz, der sich aus Trash-Formaten zu seriöser Politiknähe emporgearbeitet hat, redet selbst so viel wie kein anderer Moderator. Manchmal hat man den Eindruck eines Lehrers, der erst einmal der Nation eine Schulstunde hält (Markus hat sich auch ganz schön fleißig vorbereitet, das sollen ruhig alle mitbekommen), bevor dann die Gesprächspartner auch mal das Wort ergreifen dürfen. Wenn sie dann aber an der Reihe sind, kann er eine ganz andere Hartnäckigkeit an den Tag legen als etwa Anne Will. Er lächelt häufiger, aber formuliert deutlich persönlicher (»Jetzt sind Sie angefasst« –»Nein« – »Doch« – »Bin ich nicht« – »Ich glaube doch« usw.). Er will unbedingt durch die Rollenoberfläche seines Gegenübers stoßen und eine persönliche Reaktion hervorrufen, was er auch immer wieder mit einer gewissen Impertinenz schafft. Lanz schreckt auch nicht vor Unterstellungen zurück, um eine Reaktion zu bekommen, Hauptsache, es kommt eine; wenn sie dramatisch ist, umso besser. Die anwesende Gruppe der Gäste interessiert Lanz per se nur insofern, als ihm gern jemand beistehen darf, wenn er gerade jemanden grillt. Eigentlich besteht sein Konzept aus aneinandergehängten Einzelinterviews, und wenn sich im Verlauf einer solchen Vier-Augen-Aktion ein weiterer Gast einschaltet, weil der sich ärgert oder empört, lässt er es laufen. Die Einhaltung von Gesprächsregeln ist definitiv zweitrangig für ihn, solange es nicht öde wird.

Das ist auch bei Frank Plasbergs »Hart, aber fair« so. Hier ist die Mischung der Eingeladenen noch am deutlichsten auf Auseinandersetzung gebürstet. Plasberg redet nicht so viel wie Lanz, sondern feuert immer wieder gezielt provozierende Fragen an einzelne seiner Gäste und lässt sie dann antworten, bis er ihnen mit der nächsten Frage ins Wort fällt. Er liebt Unterbrechungen, und hat nichts groß dagegen, wenn die Studiogäste das untereinander auch machen. Bei ihm ist die größte Action im Studio (auch ohne Publikum), es ist aber auch am deutlichsten sichtbar, wie straff hier jemand einen Ablauf dominiert. Nur keine Langeweile aufkommen lassen! Um das zu verhindern, nutzt er seine Filmclips wie einen Joker, den er immer dann zieht, wenn ihm zu wenig passiert. Wenn er damit Gäste abwürgt, weil er sein

Video für origineller hält, nimmt Plasberg das in Kauf, ohne zu zögern.

Maybrit Illner ist von allen ihren Kolleginnen und Kollegen am längsten im Geschäft (seit 1999). Sie ist auch diejenige, die sich immer wieder bemüht, einen Austausch der unterschiedlichen Positionen zu erreichen. Illner ist mindestens so gut vorbereitet wie Lanz, zeigt es aber nicht so offensiv und lässt ihrem Narzissmus nicht so die Zügel schießen wie ihr Kollege. Sie schafft es mit einer Mixtur aus Charme und Sachlichkeit – emotional deutlich wärmer als etwa Will – noch am ehesten so etwas wie eine Gesprächsatmosphäre herzustellen. Auch sie kann hartnäckig nachfragen, aber sie bleibt unentwegt verbindlich und wird nie so persönlich und aufdringlich wie Lanz. Krawall gibt es deshalb seltener bei ihr, weil die Gästeauswahl das von vornherein unwahrscheinlich macht. Wenn es dann doch zu Regelverletzungen kommt, etwa weil jemand den anderen laufend ins Wort fällt, thematisiert sie es auch, freundlich, souverän. Illner ist es, die Brücken baut zwischen den unterschiedlichen Meinungen. Wenn sie laut darüber nachdenkt, was sie gerade von jemandem gehört hat, kann man ihr gut folgen; das ist etwas ganz anderes, als stur seinen eigenen Fragenkatalog abzuarbeiten. Thematisch macht sie es aber auch nicht anders als ihre Kollegen – wenn die etwas behandelt haben, fühlt sie sich unter Zugzwang, es auch zu bringen.

Man kann sich schon fragen, inwieweit in diesen Studios tatsächlich so etwas wie Moderation stattfindet. Klar, alle verwenden diesen Begriff, aber stimmt dieses Etikett überhaupt?

Christoph Lauer war einer von denen, die ab 2010 führend in der sogenannten »Piratenpartei« tätig waren (inzwischen ist er bei der SPD). Die Partei ist mittlerweile komplett in der Versenkung verschwunden. Nachdem Sandra Maischberger 2018 in der ZEIT den Vorwurf zurückgewiesen hatte, dass politische Talkshows undemokratische Tendenzen verstärken, antwortete der Ex-»Pirat« ebenfalls in der ZEIT. Ihm zufolge war nämlich der Hauptgrund für die plötzliche steile Konjunktur seiner Internetpartei vor allem der Hype gewesen, den die politischen Talkshows erzeugt hatten. Und zwar, obwohl sie kaum Mitglieder hatte und keine nennenswerte Basis (!). Erst durch die Talkshows, so Lauer, habe seine damalige Partei überhaupt so etwas wie ein öffentliches Gewicht bekommen. Lauer macht diesen Formaten einen ähnlichen Vorwurf wie Nguyen-Kim: »Sie reduzieren politische Akteure auf Darsteller in einer Show, bewerten nicht nach den Inhalten, sondern nach der Performanz.« Die Auftritte der Piraten in den Talkshows waren Aufreger und brachten höhere Einschaltquoten, also wurden sie Teil des Talk-Karussells und damit immer wichtiger. Bis tatsächliche Wahlergebnisse sie erledigten.

Die Publizistin Carolin Emcke hat zu Recht darauf hingewiesen, dass die Orientierung an sogenannten Aufregerthemen zu etwas führt, was sie »Pro- und Kontraisierung der Wirklichkeit« nennt. Natürlich gibt es viele

Fragen von öffentlicher Bedeutung, die man nicht einfach zurückführen kann auf nur ein Dagegen und nur ein Dafür. Aber es sind die scharfen Gegenüberstellungen, die sich nun einmal deutlich besser für den Wettbewerb um Quoten eignen als die differenzierte Auseinandersetzung mit Sachverhalten, die nicht gleich in Schubladen passen – also für die meisten.

Kann man das eigentlich auch anders machen? Gibt es eine Talkshow-Struktur, die eine echte Auseinandersetzung ermöglicht, ohne in irgendwelchen Klischees stecken zu bleiben und sich als Moderator nur zum Erfüllungsgehilfen von Quoten und zur Heizkraft für TV-Dramen zu machen?

## Bewegungen im Terrain

Im Rahmen von ZDFkultur wird das gerade ausprobiert, womöglich angeregt von dem bereits erwähnten Werbeformat des dänischen TV-Senders. Die Sendung »13 Fragen« wird aufgezeichnet aus einer Halle mit ramponiertem Altbauhintergrund. Auf dem Boden sind ein grün und ein gelb schraffierter Bereich markiert und ein neutrales Terrain, das sogenannte »Kompromissfeld«. Die Fläche dieser beiden farblichen Lager ist in neun quadratische Felder geteilt. Den sechs Gästen wird zu Beginn eine Frage gestellt, die sie dazu bringt, sich in eines der beiden Ja- oder Nein-Lager zu stellen (Sitzmöglichkeiten gibt es gar nicht). Je deutlicher sie das Ja oder das Nein vertreten, umso weiter hinten stehen die Gäste. Diese Gäste haben zwar oft die eine oder andere Expertise, aber wirklich prominent sind sie nicht, auch die Moderatorin oder der Moderator sind eher unbekannte Nachwuchskräfte.

Dann darf jede und jeder seine Meinung zum Thema äußern. Die auf ihren Feldern Stehenden reagieren darauf, indem sie – wenn ihnen etwas einleuchtet von der Gegenseite – einen Schritt nach vorn machen, oder – wenn sie noch bestärkt werden in ihrer Ablehnung – einen weiteren Schritt zurückgehen. Schon während der Sendungen können damit alle laufend sehen, wenn sich auf der anderen Seite etwas verändert. Die Moderatorin oder der Moderator stellt im Lauf der Sendung dreizehn Fragen, die das Thema in seiner ganzen Größe umfassen sollen. Aber die Moderation hat explizit die Aufgabe, möglichst viele der Anwesenden am Ende der Sendung im Kompromissfeld zu versammeln.

Obwohl auch hier mit einer Ja-oder-Nein-Einteilung begonnen wird, verändert sich das im Lauf der Auseinandersetzung sichtbar. Die Möglichkeit der räumlichen Bewegung entspannt das Diskussionsklima merklich. Durch die körperlichen Botschaften und ihre Choreografie wird alles bewegter und weniger starr. Natürlich wurde auch hier durch die Auswahl der Gäste eine Gesamtkomposition erschaffen (allein deren Optik hat ganz sicher auch eine Rolle gespielt). Auch hier gibt es Einspieler; aber sie bestehen nur aus dem persönlichen Statement einer oder eines der Anwesenden (mit dem jeweiligen Gesicht in Großaufnahme). Die Moderatorinnen und Moderatoren stellen Fragen an einzelne Gäste und erteilen das Wort, aber sie müssen sich auffallend wenig um die Einhaltung von Regeln kümmern, weil man in diesem Setting offensichtlich mehr zuhört. Sie fragen auch sehr persönlich nach und bekommen oft auch entsprechende Antworten.

Die Schwäche des Konzepts besteht im Druck auf die Moderatorin oder den Moderator, am Ende unbedingt Kompromisspunkte zu sammeln. Wenn niemand der Gäste im Kompromissfeld steht, haben sie versagt. Also versuchen sie, vor allem bei wirklich kontroversen Themen, Fragen am Ende der Sendung schon so zu formulieren, dass die Kompromissbereitschaft steigt, auch wenn der gemeinsame Nenner der Gäste damit extrem klein wird. Immerhin ist »13 Fragen« ein Versuch, der im Vergleich zu den statischen Herumsitzerformaten der bekannteren Talk-Veranstaltungen angenehm auffällt.

## Moderation in der Sackgasse

Es sind gerade die Talkshows auf den Bildschirmen, die unser Verständnis von Moderation überhaupt am deutlichsten prägen. Trotzdem werde ich den Verdacht nicht los, dass es gerade diese populären Veranstaltungen sind, die am wenigsten mit dem Handwerkszeug sinnvoller Moderation für Gruppen zu tun haben.

Kaum jemand dieser Moderatorinnen oder Moderatoren bemüht sich um so etwas wie eine Pontifex-Rolle. Denn sie wollen ja offensichtlich selbst die eigentlichen Stars ihrer inszenierten TV-Talkshows bleiben. Wo alles auswechselbar wird außer der Person der Moderatorin, sieht man als Zuschauende die »Gäste« irgendwann nur noch als Staffage. Kein Wunder, wenn sich ein ausgesprochenes Fan-Verhalten gegenüber diesen moderierenden Figuren entwickelt.

Für den normalen Kontext von Meetings in Firmen oder Organisationen wäre dieses personalisierte Star-Verhalten natürlich völlig absurd. Dass es am Ende dazu führt, dass Meetings sogar den Namen des Moderators tragen, ist ein letzter Hinweis auf den Graben zwischen dieser Sorte Moderation und den meisten von uns. Das Budgetmeeting im Herbst, wo sich die Abteilungs-Führungskräfte beharken, heißt ja nun mal nicht – nach der Vorstandsvorsitzenden – »Sara Schmitt« oder »Sara Schmitt – reißt uns die IT-Abteilung ins Verderben?« Weil es weder um Sara Schmitt geht noch um simple Entweder-oder-Fragen.

Wenn wir beim Stichwort »Moderation« gleich an TV-Talkshows denken, geraten wir leider auf ein völlig falsches Gleis. Diese Assoziationen nützen denjenigen, die diese Rollen da draußen in professionellen Umgebungen wirklich übernehmen, überhaupt nichts. Wenn sie selbst das machen, darf es kein Kriterium sein, dass alle nur wegen der Moderatorin in das Meeting kommen möchten. Auch das methodische Anheizen von Auseinandersetzungen hat für ihre Rolle keinen Sinn, so unterhaltsam es für Zuschauende sein könnte! Das Einspielen von Videoclips als Provokation verhindert Kommunikation eher, als sie zu fördern (das dürfte sich allerdings auch manche Bildschirmgrafik hinter die Ohren schreiben). Dass der Beobachtungsdruck durch Millionen von Zuschauenden Selbstdarstellungsreflexe auf eine Weise triggert, die einer sinnvollen Auseinandersetzung eher im Weg stehen und Narzissten anlockt, ist offensichtlich. Das geringe Interesse an der Beachtung kommunikativer Regeln, Hauptsache Action, wäre ein Moderationsversagen erster Güte. Moderatoren, die invasiv und unangemessen persönlich werden, bedienen nur Voyeurismus, steigern aber nicht die Qualität der Auseinandersetzung.

Vielleicht wird aber gerade auf dem Hintergrund dieser so kurzatmigen wie am Ende belanglosen Fernsehveranstaltungen besonders deutlich, was Moderation eigentlich leisten könnte: nämlich Meetings für eine bestimmte

Fragestellung produktiv zu machen, einer thematischen Logik folgend, indem alle Kompetenzen im Raum einbezogen werden, Zuhörbereitschaft erzeugt wird, Störungen unterbunden werden, ohne Ansehen der Person, gerecht, anregend, souverän, unaufgeregt. Völlig egal, wie die Zuschauerzahlen sind…

# Kapitel 12

## Die Einzelhaft im Warteraum

### Wo die Fallen in Videomeetings lauern

## Die Entmachtung von Anne Will

Dass die Kontrolle von Kameras und Tontechnik Ausdruck nackter Herrschaft sein kann, erleben Gäste in Talkshows immer wieder. Denn sie selbst haben diese Einflussmöglichkeiten nun mal nicht. Nach der Sendung stellen sie womöglich deprimiert fest, dass sie gerade in dem Moment, als sie schlagfertig der anderen Position entgegentraten, gar nicht auf dem Bildschirm zu sehen waren, sondern jemand anderes, dessen Mimik optisch gerade reizvoller erschien. Wenn die Sendung nicht live, sondern zeitversetzt ausgestrahlt wurde, tauchen Sie mit Ihrer gelungenen Argumentation vielleicht nicht einmal mehr auf, weil das jemand weggeschnitten hat. In Videokonferenzen hört dieses Machtgefälle aber mit einem Schlag auf. Nun verfügt jede teilnehmende Person über ihre eigene Bild- und Tonregie. Das halten manche Anwesenden für eine eher lästige Kleinigkeit von randständiger Bedeutung (jetzt muss man sich auch noch darum kümmern) – weil es ja doch nur darum ginge, was bei so einem Meeting am Bildschirm herauskommt. Andere Beteiligte verstehen das aber als Einladung, nun endlich den eigenen Film zu drehen. Und raten Sie mal, wer darin der Hauptdarsteller sein soll? Genau. Sie nicht. Auch nicht, wenn Sie die Rolle der Moderatorin in so einer Videokonferenz haben.

Sie geraten vielmehr mit dieser Rolle in die Position einer entmachteten Talkshow-Moderatorin. Anne Will sitzt sozusagen allein da, in ihrem sorgfältig gestylten Studio befindet sich niemand mehr außer ihr, stattdessen sind auf dem Bildschirm zur selben Zeit wie sie noch zehn bis fünfzehn andere Leute zu sehen, alle mit ihrer eigenen Studioumgebung. Da muss sich Anne Will schon was einfallen lassen, damit das hier irgendwas Sinnvolles wird.

Aber was sich im Grundsatz kaum geändert hat, ist das unterschiedliche Verständnis des nun vorliegenden Settings: Ein Teil der Teilnehmenden hofft darauf, dass dieses Meeting ein Austausch sachlicher Erwägungen wird, indem sich alle an bestimmte Höflichkeitsregeln halten. Ein anderer Teil hat aber Interessen, die sich davon deutlich unterscheiden. Oft fühlen sich viele horizontal interessierte Leute von Anfang an auch unter einem gewissen Druck: »Du schaust auf einen Bildschirm, auf dem lauter Gesichter auf dich zurückstarren. Es kann … einschüchternd sein« (Gupta). Aber nicht für die, die das Ganze von Anfang an als öffentlichen Show Act mit Publikumscharakter sehen! Das muss nicht weiter schlimm sein, nur sollte die moderierende Instanz sich über diese unterschiedlichen Ausgangslagen im Klaren sein.

Grundsätzlich folgen Videomeetings ähnlichen Phasen wie Live-Meetings in konkreten Räumen, aber mit ein paar besonderen Verstärkungseffekten. Wenn Proudfoot bereits 60 Prozent der normalen Meetings für ineffizient hält, steigt dieser Anteil bei Videomeetings auf 80 Prozent (!). Es sind diese Effekte, die die Aufgabe der Moderation auch hier nicht nur mindestens so anspruchsvoll machen können, sondern auch umso dringender. Dabei bekommt die Vorbereitung, Einleitung und Nachbereitung ein noch viel größeres Gewicht als sonst. Eine Videokonferenz ist nur der sichtbare Teil eines wesentlich umfassenderen Prozesses.

Bereits die Frage der Einladung ist weniger harmlos, als sie erscheinen mag. Denn in der Regel verfügt ja die einladende Person über alle Host-Rechte – kann also theoretisch während des Meetings Teilnehmende stumm stellen, ihr Bild ausblenden, sie in den Warteraum abschieben oder von dort erst gar nicht hereinlassen im Sinne einer virtuellen Einzelhaft. Moderatorinnen und Moderatoren kann man nur davon abraten, diese Einladung anderen zu überlassen (weil es vermeintlich praktischer wäre). Auch wenn sie gar nicht vorhaben, diese Sanktionsmittel tatsächlich einzusetzen: zumindest die hierarchieorientierten Teilnehmenden sind sich dieser Möglichkeiten einer anderen Person nur zu genau bewusst. Und darum ist es auch alles andere als zufällig, wenn diese Leute, nur scheinbar selbstlos, der Moderatorin anbieten, dass sie ihr das ganze Einladungsprocedere abnehmen, »Du hast ja so viel anderes am Hals«. Es geht hier im Zweifelsfall um etwas ganz anderes als Kollegialität.

Schon beim Verschicken des Konferenz-Links wird ja bereits festgelegt, auf wie lange das Meeting angesetzt ist. Diese Frage verdient ausführliche vorherige Überlegung der Moderatorin. Nur weil Teams oder Zoom auf den ersten Blick Intervalle von einer Stunde anbieten, heißt das noch lange nicht, dass Ein-Stunden-Schritte die geeigneten sind! Vielen Meetings würde es sehr gut tun, sie auf deutlich weniger Minuten zu beschränken. Wer das schon bei der Einladung festlegt, gibt ein deutliches Zeichen. Natürlich kann man auch länger werden. Aber reflektiert! Sonst öffnet man den Dauerquatschern schon mit der Einladung alle Schleusen.

## Candy Crush

Die Einladung mit dem Link wäre auch bereits die erste richtige Gelegenheit, um auf bestimmte Standards hinzuweisen: zum Beispiel darauf, ob alle mit ihrem Bild zu sehen sein sollen. Die Regel sollte einheitlich sein. Entweder haben alle das Bild ausgestellt (dann ist es eine Telefonkonferenz am Bildschirm) oder alle sind mit Bild zu sehen (nicht mit einem Standbild!). Dass anfänglich alle ihr Mikro ausgestellt haben außer der Moderatorin, ist inzwischen der Normalfall (was nicht heißt, dass man es nicht trotzdem erwähnen müsste). Es ist auch einen Gedanken wert, ob man sich von unterwegs zuschalten können soll: aus dem fahrenden Auto über das iPhone ist in der Regel nicht sinnvoll.

Die Verwendung einer »Warteraum«-Funktion ist für Moderatorinnen und Moderatoren unbedingt zu empfehlen. Denn das ermöglicht ihnen, jede einzelne teilnehmende Person tatsächlich zu begrüßen. Schon vorher war der kurze Hinweis zu sehen, dass man vom »Host« gleich in das Meeting gelassen wird, was bereits einen kleinen nützlichen Hinweis auf den Rang und die Möglichkeiten der Moderatorin darstellt.

Und dann sind auf einmal alle zu sehen und es geht los.

Im besten Fall sind alle zum vereinbarten Zeitpunkt da und niemand hat Probleme mit der Verbindung, mit Rückkoppelungen, mit der Kamera, die nicht erkannt wird (»da war mein Kollege dran, keine Ahnung, was der verstellt hat«). Im besten Fall fühlen sich alle angesprochen; alle sind neugierig auf das Meeting; niemand stellt die Rolle der Moderatorin infrage; jemand hat eine Skizze oder eine Grafik vorbereitet, die sofort etwas klarmacht für alle; Humor, gute Stimmung, solidarisch. Es gibt noch ein paar konstruktive Rückfragen, das weitere Procedere wird kurz geklärt, und Tschüss. Schön, wenn es so läuft!

Leider gibt es aber auch ganz andere Meetings per Bildschirm. In solchen Meetings sitzen Leute, die sichtbar vor aller Augen Sudokus lösen oder auf dem Handy-Bildschirm bunte Bonbons verschieben (Candy Crush), obwohl es um Fragen von existenzieller Bedeutung geht. Und niemand spricht sie darauf an. Es sind Videomeetings, wo der eine Teilnehmer den Vorschlag eines anderen beantwortet mit »Ich weiß nicht, was Sie getrunken haben!« oder »Da brauchen Sie gar nicht so schlumpfig herumgrinsen!«

So etwa sah das in der Bund-Länder-Konferenz zu Coronamaßnahmen im März 2021 aus. Sie wurde von der Bundeskanzlerin »moderiert«. Robin Alexander, stellvertretender Chefredakteur der WELT, hat recherchiert, wie dieses Video-Setting genau aussah: »Die Regierungschefs sitzen in ihren Staatskanzleien vor einem übergroßen Monitor, der entweder in ihrem Büro oder in einem Extraraum aufgestellt ist. Als das Bild sich aufbaut, erblicken sie fast in Lebensgröße: Merkel und Söder, einträchtig nebeneinander im Kanzleramt in Berlin, an einem kleinen Tisch, auf dem Papier, Stifte und geöffnete Unterlagen liegen.« Er deutet es zu Recht so: »Hier wurde schon gearbeitet – und das soll auch jeder sehen.« Also bereits eine großartige Demonstration von Neutralität zu Beginn. Der Erste Bürgermeister von Hamburg, Tschentscher, der als stellvertretender Vorsitzender der Ministerpräsidentenkonferenz auch nach Berlin gefahren war, darf da bezeichnenderweise nicht sitzen. Er hockt vor einem Computer in einem Nebenraum.

»Nach und nach ploppen unten auf dem Bildschirm kleine Vierecke auf, die einen Ministerpräsidenten nach dem anderen zeigen. Als Nordrhein-Westfalen dran ist, sehen alle nur einen leeren Stuhl. Ganz unten am Bildschirm plötzlich ein paar Haare. Es ist Laschet, er fummelt an seinem Computer herum. ›Armin, was machst du da?‹, fragt die Kanzlerin. ›Ich suche den Ton zum Lauterstellen‹, antwortet Laschet genervt« (Alexander). Dass Laschet die Beschlussvorlage des Kanzleramts, die allen zur Vorbereitung auf dieses Videomeeting zugegangen war, komplett ablehnt, wissen nicht alle der Teilnehmenden. Bei anderen Videoterminen waren Beschlussvorlagen den Teilnehmenden so kurz vor dem Meeting zugegangen, das sie kaum Zeit hatten, sie überhaupt zu lesen. Protokolliert wurde nie etwas (!). Stattdessen wurden noch während des Meetings Zitate von Teilnehmenden per SMS an Außenstehende, sogar an die Presse, verschickt, ein Reportageteam der ZEIT sprach von einem regelrechten »Liveticker«-Verhalten (Gloger). Alle paar Minuten überprüften Teilnehmende ihre Handys auf die neuesten Schlagzeilen!

Dass solche Videomeetings nicht besonders produktiv sein können, liegt auf der Hand. So ein Verlauf ist allerdings nicht etwa nur typisch für den Politikkontext. Vergleichbar unprofessionelle Videomeetings finden auch überall in Firmen statt.

## Die alten Bekannten

Wie unterschiedlich sich horizontal und vertikal Kommunizierende in Videokonferenzen systemisch verhalten, habe ich anderer Stelle ausführlich dargestellt (»Das Arroganz-Prinzip«, Kapitel 12). Regelmäßig unterschätzt wird dabei, welche Bedeutung der Bildhintergrund hat. Auch aus ihm sprechen die Systeme und setzen Akzente für die Moderationsrolle. Community-geprägte Leute etwa empfinden es als einladendes Zeichen der Zugehörigkeit, wenn sie allen anderen via Kamera einen Einblick geben in ihr privates Leben inklusive des Kinds, das durch das Bild läuft, oder des Haustiers, das sich am Bildschirm herumdrückt. Andere aus demselben System antworten darauf folgerichtig mit eigenen privaten Einblicken. Vertikal kommunizierende Vertreter gehen jedoch anders damit um. Für sie führt es oft zu sofortigen Zweifeln an der professionellen Kompetenz der moderierenden Person, wenn sie derart privat wird. Was sie bräuchten, wäre zumindest ein neutraler Hintergrund, etwa mit Firmenlogo, oder sogar einer, der planmäßig Eindruck macht, bis hin zum Zeigen von Statussymbolen. Dann wissen sie: O.k., jetzt ist Business.

Ansonsten trifft die Moderation auch in solchen Videomeetings ziemlich rasch auf die alten Bekannten von der Doodle-Störungs-Liste: die Leute, die nebenher, deutlich sichtbar für alle, etwas ganz anderes machen (»ich kann eben Multitasking«); der Move Talk, der bereits mit einer bestimmten Anordnung der Kulisse anfängt; die Leute, die immer zu spät kommen; die Rangspiele (vor allem mit der Moderatorin), die Endlosredner und so weiter. In der Regel können diese Störungen mit genau denselben Strategien beantwortet werden wie in Kapitel 8.

Die nervigen Seitengespräche werden im Videomeeting ersetzt durch den parallel stattfindenden Chat. Wie so etwas funktioniert, hatten die Ministerpräsidenten wohl noch nicht ganz gecheckt. Andere wissen aber ganz genau, was man damit machen kann. Im positiven Fall kann eine Moderatorin jemanden, dessen Wortmeldung sie sich wünscht, freundlich im Chat dazu einladen (es können ja nicht alle sehen). Wenn die Moderationsfunktion diesen parallelen Chat aber für alle geöffnet hat und ohne Einschränkung frei laufen lässt, kann sie schnell erledigt sein. Dann kann daraus nämlich ein pures Gossip-Tool werden, das jedes Meeting untergräbt. Im dümmsten Fall tobt ein Shitstorm durch das Meeting und die Moderatorin bekommt es viel zu spät mit.

Auch wenn der Bildschirm aller jederzeit für alle teilbar ist, können zwiespältige Effekte entstehen. Das kann nämlich zu so etwas wie einer Schlacht der Bildschirme führen, weil von allen Seiten irgendwelche Grafiken, Videos, Tabellen, Mails gezeigt werden, ohne dass der Zusammenhang zum Thema gleich verstanden werden könnte; im schlechtesten Fall irgendetwas Buntes, sich Bewegendes, das außer Verwirrung und Zeitverlust für das Meeting zu nichts führt. Das wahnsinnig witzige Katzenvideo hat da eben genauso wenig verloren wie der sensationelle Torwartfehler.

Der Move Talk der Vertikalen hat im Videoformat seine Besonderheiten, weil der reale Raum ja nur so weit abgebildet wird, wie ihn die Kamera erfasst. Daraus entstehen interessante Move-Talk-Varianten: das demonstrative Heranrutschen an den Bildschirmrand oder gleich der Zaubertrick des Komplett-Verschwindens. Talk to my chair! Auch sehr gern eingesetzt, wenn einem (einer fällt das seltener ein) die Argumente ausgegangen sind, aber trotzdem Wirkung erzeugt werden soll: das eigene Gesicht zur überwältigenden Großaufnahme aufblasen.

Doch auch im Video-Setting helfen dieselben Mittel wie im räumlich-präsentischen Meeting: der Basic Talk in einfachen Formeln (»Dazu haben wir die Zeit nicht … Dazu haben wir die Zeit jetzt nicht … Jetzt haben wir die Zeit dafür … nicht« oder was auch immer); die Wahrnehmung der Angebote (jenseits der Verbalität); die Beschreibung des Offensichtlichen so lange, bis die andere Seite mit der Störung aufhört.

Es sieht vielleicht alles aus wie im Kino, ja, aber die Moderatorin und der Moderator können ihren Job durchaus auch hier effizient machen, wenn sie die Nerven behalten. Sie stehen ja, Gottseidank, nicht unter Quotendruck! Es genügt, wenn bei einem Meeting irgendetwas Konstruktives herauskommt. Spektakulär muss das gar nicht sein.

# Kapitel 13

## Das Ende der Verbindlichkeit

### Wo Moderation moralisch werden muss

Je deutlicher Organisationen einen einfachen und offensichtlichen Geschäftszweck verfolgen, umso naiver können sie im internen Alltag kommunikativ auftreten. Wenn sie nur mit etwa dem Verkauf eines Produkts Gewinn erzielen oder einer bestimmten Technologie zum Markteintritt verhelfen wollen, haben sie es relativ leicht mit den Kriterien für Kommunikation, auch in Meetings, ob mit oder ohne Moderation. Denn besagtem Geschäftszweck kann ja alles andere untergeordnet werden. Was diesem Zweck nutzt, wird gemacht und besprochen, so effizient und zeitsparend wie möglich, auf alles andere wird eben einfach verzichtet.

Je überzeugungsgesättigter eine Arbeitsumgebung ist, in einer NGO etwa, in einem Parlament, einer Redaktion, umso schwieriger wird das aber. Wo unterschiedliche politische oder religiöse Überzeugungen in der räumlich (oder virtuell) anwesenden Gruppe auftreten, steht die Pontifex-Aufgabe unter Druck. Wie moderiert man ein Meeting mit Salafisten am Tisch? Was macht man, wenn plötzlich ein Mitarbeiter aufsteht und alle auffordert, sich zu Jesus als dem Erlöser zu bekennen? Kann eine Moderatorin es höflich zulassen, wenn jemand Verschwörungstheorien à la QAnon im Meeting vertritt? Alles kein Problem, solange die Meetings, um die es geht, ausnahmslos mit Leuten desselben Schlags besetzt sind, klar, im Keller des Weißen Hauses wohnen Außerirdische, und klar, außerhalb der Religion, der ich angehöre, sind alle verflucht, sowieso, und die Moderatorin denkt ja auch nichts anderes.

Aber wenn die Blase aus Gleichgesinnten verlassen wird und im Interesse der Firma oder eines ganzen Landes Menschen unterschiedlichster Herkünfte am Tisch sitzen, knirscht das Gebälk.

Schon Unternehmen sind, je größer sie sind und je globaler sie arbeiten, ob sie das wollen oder nicht, immer »Agents of Change«. Das ist bei NGOs, bei Parteien oder Religionsgemeinschaften erst recht so. Die Repräsentanten dieses Wandels sind dabei aber nicht in erster Linie die Führungskräfte, die sich oft weit weg von der betrieblichen Realität aufhalten und denen beim Pressetermin sympathische Gemeinplätze leicht über die Lippen gehen. Viel bedeutsamer für das tatsächliche Klima in einer Firma oder Organisation sind die Gatekeeper, mit denen wir uns die ganze Zeit in diesem Buch beschäftigen. Sie sind es ja, die dem kommunikativen Standard erst Leben geben und ihn herunterbrechen auf den Alltag eines vorgelebten Verhaltens. Nicht wegen wohlklingender Bekenntnisse auf einer durchgestylten Homepage, sondern vor allem wegen ihrer konkreten Umsetzung in Meetings wird überhaupt erst real, was Diversity tatsächlich bedeutet oder wie weit Toleranz reicht – und wo sie sofort aufzuhören hat.

Gerechtigkeit ist auf Erden, hergestellt durch Menschen, immer vorläufig. Insofern fehlt immer etwas an einem befriedigenden Ausgleich von Leiden und Schuld, vor allem wenn eine generationenlange Geschichte im Raum steht. Richterinnen und Richter wissen das (und leiden oft darunter). Moderatorinnen und Moderatoren sollten sich das auch klarmachen. Zwar ist die Herstellung von Gerechtigkeit im Meeting genau ihr Job. Aber dass sie das nie hundertprozentig hinbekommen, steht von Anfang an fest. Das heißt nicht, dass sie sich diesem Anspruch nicht annähern sollten. Aber wie sieht Gerechtigkeit in einem professionellen Meeting aus?

Zunächst so, dass jede und jeder im Raum, auch virtuell, grundsätzlich das formale Recht hat, bei einer bekannten Fragestellung mit genauso viel Zeit zu Wort zu kommen wie die anderen. Das ist lange nicht so banal wie es sich anhört. Wenn zehn Männer den beiden einzigen Frauen im Meeting laufend über den Mund fahren, dann hört der Spaß auf. Allein den Sprachraum dieser beiden Menschen so gegen eine aktuelle männliche Dominanz zu verteidigen, dass sie etwas darstellen können, ohne laufend unterbrochen zu werden, ist ein Akt der Gerechtigkeit. Umgekehrt wäre das übrigens genauso (kommt aber deutlich seltener vor).

Diese Sorte Gerechtigkeit wäre sozusagen das absolute moralische Minimum an handwerklichem Moderationsniveau. Bereits dieses Minimum ist oft schwer durchzusetzen. Der Ton in einem Meeting wird aber nicht nur durch das Einhalten bloßer formaler Gleichheit bei der Redezeit definiert. Noch viel wichtiger ist es, wie man mit Respektlosigkeit umgeht. *Das* ist Höflichkeit, die reinhaut.

Wo die Mitarbeiterin oder der Mitarbeiter gegenüber jemand anderem im Meeting eine definitiv antisemitische Bemerkung hinwirft, womöglich gar scherzhaft gemeint, hat ein Moderationsamt überhaupt keine Wahl, als sofort einzugreifen. Sich angesichts einer Aussage, die etwa die Zugehörigkeit zu einer Religion oder einer Ethnie und bestimmte Charaktereigenschaften verknüpft, wegzuducken und gute Miene zum bösen Spiel zu machen, geht für niemanden, aber schon gar nicht für die Leute, die für die Moderation verantwortlich sind. Hier endet Höflichkeit und beginnt die Kumpanei. Das ist Antisemitismus oder frauenfeindlich oder Diskriminierung einer Minderheit und muss als solche benannt werden, und zwar, so schmerzhaft und so riskant das sein mag, auch gegenüber Vorgesetzten!

## Der heiße Kern von Toleranz

Allerdings sollten sich die Gatekeeper dabei ganz bewusst darauf beschränken, als kühle Vertreter einer gesellschaftlichen Norm aufzutreten, sozusagen von der Höhe ihres Amtes herab – nicht als Mit-Betroffene (auch wenn sie es faktisch sind!) mit aller emotionalen Aufgeregtheit, ja Wut. Aus dem einfachen Grund, weil ein Meeting sonst noch leichter auseinanderfällt. Was man in so einem Fall zwar auch kalkuliert herbeiführen dürfte; aber in der Regel genügt es, angesichts einer so offensichtlichen Verweigerung von Respekt, »hoheitlich« aufzutreten. Das wirkt besonders bei den Vertikalen im Raum. Also etwa mit einem Move Talk, der die Sache stoppt, einem unbewegten Blick, und der Feststellung: »Das ist Antisemitismus. So reden wir hier nicht.« Im Zweifelsfall, falls nötig, mit mehrfacher Wiederholung. Und dem festen Willen, nach dem Meeting, zumindest im Einzelgespräch, wesentlich offensiver zu werden. Früher oder später muss so ein Konflikt so oder so auf die Ebene der Chefinnen und Chefs.

Erst mit solchen Auseinandersetzungen befinden wir uns im eigentlichen Kern dessen, was man so lässig Toleranz nennt. Nur allgemein darüber reden und das Ideal folgenlos nett finden, bedeutet wenig. Aber sich in so einem Fall hinzustellen und den Mund aufzumachen, und zwar angesichts womöglich einer anwesenden Mehrheit, die nicht einmal das Problem sieht, ist schon etwas ganz anderes. Bevor er von den Nazis aus Deutschland vertrieben wurde, hat es der Essayist Ludwig Marcuse 1929 so ausgedrückt: »Tolerieren heißt nicht: bei niemand anstoßen […] Toleranz heißt: sich nicht aufs grüne Sofa setzen und übel nehmen. Toleranz heißt nicht: auf den Kampf verzichten, weil dabei die gesegneten Fahnen zerfetzt werden können.« Allerdings schränkt Marcuse auch ausdrücklich ein: »Toleranz heißt: aus den heiligen Gefühlen, die man besitzt, nicht Fesseln machen für den Nebenmenschen, der andere heilige Gefühle hat [...] Disziplin in der Reaktion auf Verletzungen.«

Mit dieser Disziplin ist klar etwas anderes gemeint als die schnelle Vergabe eingängiger Etiketten an Anwesende aus dem weiten Feld psychologischer Diagnostik. »Das ist toxisches Verhalten« – was soll man mit so einem generalisierenden Vorwurf konkret im Meeting anfangen? »Das ist neurotisch«, mhm, ja, vielleicht, und jetzt? Eine Sofort-Therapie? Ein öffentliches Schuldeingeständnis? »Das ist purer Narzissmus«, o. k., kann wirklich sein, aber wie hilft mir das aus der Situation? Vermutlich wenig, außer dass ich mit einem gewissen Bildungsanspruch eine Vokabel in den Raum gestellt habe. Dann schon lieber so konkret wie möglich werden – »Jetzt muss mal jemand anderes was sagen dürfen« oder »Sie unterbrechen den Kollegen laufend« – als allgemein einen abstrakt deutenden Vorwurf in den Raum zu stellen.

Moderatorinnen sollten jedoch auch nicht naiv sein und sich eine gewisse Abgeklärtheit erlauben. Denn es gibt tatsächlich Zeitgenossen, die die Zugehörigkeit zu einer potenziellen Opfergruppe sogar bewusst manipulativ einsetzen. In solchen Fällen kann es sogar zu dem kommen, was das nordamerikanische Englisch mit unnachahmlich spöttischem Realismus als »Pity Party« bezeichnet (also etwa »Mitleids-Party«). Dann steigt das eine Opfer – »Genau so hat es eure Inquisition schon immer gemacht!« – mit dem anderen Opfer – »Auch Buddhisten können misogyn sein!« – in einen bizarren Wettbewerb darüber ein, wem mehr Mitleid gebührt. Die Absicht dahinter ist ganz einfach, nämlich mithilfe schlechten Gewissens aktuelle professionelle Vorteile zu bekommen (siehe mein Buch »Die freundliche Feindin«). Also Vorsicht: Nicht in den moralischen Autopiloten schalten, nur weil jemand eine Verletztheit behauptet, sondern in jedem Einzelfall spezifisch bleiben!

Vielleicht ist es ganz hilfreich, jetzt am Ende dieses Buches daran zu erinnern, was Moderation im Innersten leisten soll: Austausch nämlich, nicht Vereinzelung; die Melange, nicht die langweilige Monokultur Gleichgesinnter (da gehören horizontal *und* vertikal Interessierte dazu); eine lebendige Gruppenkultur, keine Aufspaltung in selbstgewisse, aber beschränkte Einzelinteressen. Gerade zu diesem letzten Punkt erlaube ich mir einen Rückgriff in die Geschichte.

## Das unwahrscheinliche Bündnis

Das einzige Atomkraftwerk, das Mitte der 70er-Jahre in Deutschland durch den direkten Widerstand der Bevölkerung vor Ort verhindert wurde, hätte in Wyhl in Südbaden stehen sollen. Die Bewegung, die sich damals entwickelte, hatte kein Vorbild, auf das sie sich hätte berufen können, führte aber zu enormen politischen Langzeitfolgen. Zum Beispiel entstand historisch erst durch die Anregung dieses Widerstands die spätere Ökologiebewegung, in ihrem Kielwasser wurde die Partei der Grünen gegründet. Die Auseinandersetzung dauerte über zehn Jahre und sorgte am Ende tatsächlich dafür, dass die Landesregierung von Baden-Württemberg auf den Bau des Kraftwerks verzichtete.

Die Wucht dieser Bewegung lässt sich nur erklären durch das einzigartige Bündnis zwischen Ortsansässigen aus Winzer- und Landwirtschaftsbetrieben und Intellektuellen aus der Stadt Freiburg. Dabei stießen Überzeugungen aufeinander, die unterschiedlicher nicht hätten sein können. Die katholische konservative Winzerin traf auf die überzeugt religionslose Feministin aus der Stadt, der Inhaber der Kleinstadtmetzgerei musste sich mit dem Maoisten aus dem soziologischen Seminar auseinandersetzen, der anarchistische Hausbesetzer hatte plötzlich mit dem Vorsitzenden der Kleintierzüchter zu tun. Einer dieser städtischen Intellektuellen war auch ich.

Dass dieses Aufeinandertreffen der diversen Herkünfte eine Herausforderung für alle Beteiligten war, liegt auf der Hand. Es krachte laufend. Es schien unwahrscheinlich, dass aus dieser disparaten Zusammensetzung eine echte gesellschaftliche Kraft würde, auch die damalige Landesregierung glaubte das nicht, aber sie irrte sich. Zwar musste so etwas wie eine gemeinsame Sprache innerhalb der Organisation dieser Bürgerinitiativen über Jahre und mit größten Mühen erst gefunden werden.

Die in den eigenen Milieus antrainierten Reflexe passten nicht. Aber angesichts der gemeinsamen Erfahrungen von erlittenen Polizeieinsätzen, finanziellen Schäden, öffentlicher Verunglimpfung, Berufsverboten, Verhören, Haft, waren die einfachen Einteilungen, die sich alle Seiten in ihren jeweiligen Milieus bis dato angewöhnt hatten, nicht mehr haltbar.

Ausschlaggebend für den Erfolg dieser Bewegung waren aber auch Prinzipien des Widerstands gewesen, die intern wie extern beinhart verteidigt wurden: Dazu gehörte auch etwas, was die Aktivisten aller Seiten damals »Überparteilichkeit« nannten. Dieser Anspruch bekam einen geradezu heiligen Charakter.

Je größer diese regionale Bewegung wurde, umso mehr nahmen auch die Versuche zu, sie parteipolitisch zu vereinnahmen. Regelmäßig kam es zu Versammlungen des Bündnisses der Bürgerinitiativen, wo in großen Wirtshaussälen die Fetzen flogen. Das war jedes Mal dann der Fall, wenn eine Wortwahl auftauchte, die nach dem Jargon einer der drei seinerzeit im Land vertretenen Parteien roch. Dann stand todsicher jemand auf und wies die Rednerin oder den Redner scharf zurecht mit dem Hinweis, dass es hier ausschließlich um das eine gemeinsame Ziel (der Verhinderung der Anlage) gehe, aber auf keinen Fall darum, dass jemand daraus Profit für eine bestimmte Partei schlagen könnte. Immer mit demselben Duktus: Wir brauchen dich als Person, aber deine Gruppenrhetorik kannst du vergessen.

Das war gerade für die in der politischen Debatte geschulten Vertreter aus städtischen linken Zirkeln eine kaum erträgliche Zumutung. Wo sie doch so stolz waren auf ihren vermeintlichen Reflexionsvorsprung! Es ging so weit, dass es bei großen Demonstrationen (»Kundgebungen«, wie man das damals nannte) schon auf der einzigen Straße zum besetzten Kraftwerksgelände heftige Auseinandersetzungen gab, wenn die eine oder andere kommunistische Splittergruppe – Jahrzehnte später stellten sie dann Ministerpräsidenten – ihre Flugblätter oder Parteizeitungen anbot. Es ging nie lange, bis jemand aus den Dörfern vor Ort ihnen Prügel androhte, weil das ein Verstoß gegen die »Überparteilichkeit« sei.

Es war tatsächlich gerade die in unzähligen Einzelszenen mit Inbrunst durchgesetzte Überparteilichkeit, die dazu führte, dass alle Beteiligten rhetorisch abrüsteten, sich füreinander öffneten und eine zunehmende Solidarität entwickelten. Oder, um es mit den Worten der US-amerikanischen Dichterin Amanda Gorman zu sagen: Die Beteiligten hörten auf, sich mit starrem Blick auf das zu fixieren, »[…] was zwischen uns steht, sondern auf das, was vor uns steht. Wir überbrücken die Trennung, weil wir wissen: damit unsere Zukunft zuerst kommt, kommen unsere Differenzen zuletzt«.

Gegenüber einem solchen Ansatz begriff die Gegenseite – eine Front konservativer Politiker – viel zu spät, dass hier Gamechanger am Werk waren. Der Bäcker und die Politologin, der Männergesangverein und die linke Regisseurin, der Feuerwehrmann und der Punk brachten einen Mix zustande, dem nichts widerstand.

Warum erzähle ich diese Geschichte, die nun schon über vierzig Jahre alt ist?

Weil sie, jenseits einer Story über eine lokale ökologische Widerstandsbewegung, etwas über die kommunikative Unabhängigkeit lehrt, ohne die eine Moderationsfunktion nicht funktioniert. Die Wahrnehmung, ja die Freude über die Unterschiedlichkeit aller Beteiligter; die Witterung für deren Potenzial; die Ahnung und die Empathie für die Verletzungen, Brüche und Beschwernisse, die alle Anwesenden mitbringen; das Interesse an den unterschiedlichsten Sichtweisen auf eine Frage; die offenen Augen für die Vielfalt derer, die in einem Meeting anwesend sind – das alles brauchen Moderatorinnen und Moderatoren, um Gatekeeper zu sein. Aber diese Voraussetzungen bleiben unvollständig ohne die souveräne Überparteilichkeit, die sich auch in so einer Volksbewegung zeigen konnte. Die Person ansehen, ja, aber dann handeln »ohne Ansehen der Person« – das ist das Paradox von gelingender Moderation. Begeistert souverän. Mit lustvoll gleichem Abstand zu allen. In heiterer Unabhängigkeit. Dann haut Höflichkeit rein. Aber voll.

# Kapitel 14

## Die coole Checkliste

### Was man bei der Moderation besser nicht vergisst

Wenn Chirurgen operieren oder Pilotinnen im Cockpit vor dem Start sitzen, dann gehen sie kurz vorher ihre Checkliste durch, damit sie nichts vergessen haben, wenn es ernst wird, und versetzen sich in den Zustand der Geistesgegenwart, der nun angebracht ist. In diesem Sinn biete ich die folgende Checkliste für Moderatorinnen und Moderatoren an. Damit man vor lauter Fixiertheit auf die Themen nicht vergisst, worin der eigentliche Job besteht.

**Hinweise:** Die Bedeutung der Vorbereitungsphase wird regelmäßig unterschätzt; völlig unverzichtbar ist es, gegenüber beauftragenden (und dann im Meeting anwesenden) Führungskräften klarzustellen, dass sie im Meeting selbst *nicht* die Moderationsfunktion haben können.

Viele halten es für überflüssig, noch einmal explizit auf ihre Rolle hinzuweisen – ein Fehler (vertikal Kommunizierende warten darauf!). In normal produktiven Meetings halten sich offensive und defensive Aufgaben die Waage. Für die weitere Produktivität des Meetings kann es sehr wichtig sein, am Ende die Namen der weiter Verantwortlichen explizit laut auszusprechen. Das ist gar nicht oberlehrerhaft, auch wenn sich das manchmal für diejenigen in der Moderationsrolle so anfühlen mag.

Die Checkliste zur Arbeitsphase ist eher im Sinne eines Reminders vorher oder zur Reflexion danach gedacht. Zentral ist die Nachbereitung, in der aufgegriffen wird, was im Meeting gestört hat. Meistens kann sie nur unter vier Augen geschehen. An ihr entscheidet sich die Qualität zukünftiger Meetings.

## I
## Vorbereitungsphase

- Klärung, wer (Host) wie einlädt; im Zweifelsfall macht man es selbst ☐
- Rollenabgrenzung der Moderationsfunktion zu im Meeting anwesenden Führungskräften; vor allem zu direkten Vorgesetzten ☐
- Festlegung Technik/Rauminstallation/Sitzordnung ☐
- Antizipation von Fraktionsbildungen oder potenziellen Konfliktfeldern ☐
- Versand der Einladung; darin Ankündigung von: ☐
  - Tagesordnung
  - Gesamtdauer/vorgesehene Zeitdauer pro Thema
  - Was man gelesen oder gesehen haben sollte, um sinnvoll teilnehmen zu können

## II
## Anfangsphase

- Begrüßung/Vorstellung der eigenen Moderationsrolle (ggf. Hinweis, von wem der Auftrag kam; aber keinesfalls Begründung oder Rechtfertigung; Erwähnung der Rolle auch dann, wenn das schon in der Einladung stand!); genauso sinnvoll: Begrüßung durch Vorgesetzte, die dann offiziell die Leitung des Meetings abgeben an die Moderationsfunktion ☐
- Vorstellung der Tagesordnung ☐
- Vorstellung kommunikativer Regeln (keine Benutzung von Handy oder Laptop, keine Bearbeitung von Mails, Umgang mit Chat und geteiltem Bildschirm oder Ähnliches – je nach Firmenkultur; keine Mitschnitte; Vertraulichkeit) ☐
- Auseinandersetzung mit bereits jetzt auftretenden vertikalen Tests zur Ernsthaftigkeit der Moderationsrolle ☐
- Eventuell: Thematisierung von regelmäßigen Verspätungen ☐
- Inhaltliche Einführung ins Thema ☐
- Eventuell: Abfragen von offengebliebenen Aufträgen aus dem letzten Meeting ☐

III

## Arbeitsphase

- Defensive Aufgaben:

  Abwehr von

  - laufenden Unterbrechungen ☐
  - störendem Move Talk (Essen/Texting usw.) ☐
  - verbalen Übergriffen (Basic Talk) ☐
  - Rangstreitigkeiten ☐
  - Seitengesprächen ☐
  - Abschweifungen oder Kontrolle des Redeanteils ☐
- Offensive Aufgaben:
  - Einladung von schweigend Kompetenten ☐
  - Auflockerung des Klimas ☐
  - Eingehen auf »Angebote« ☐
  - Stellen produktiver Fragen ☐

## IV
## Schlussphase

- Zusammenfassung der Ergebnisse ☐
- Namentliche Zuordnung von Verantwortlichkeiten für weitere Schritte; evtl. mit Zeitlimit ☐
- Dank/Verabschiedung ☐

## V
## Nachbereitungsphase

- Eventuell: Vier-Augen-Gespräche
  - mit von Übergriffen Betroffenen ☐
  - mit Regelverletzern ☐
  - mit Vorgesetzten, die die Moderationsrolle untergraben haben ☐
- Durchsicht des Protokolls ☐
- Eventuell: Transport eines bestimmten Themas auf die Leitungsebene ☐

Literatur/Medien

# Literatur

Abdel-Samad, Hamed, Bitte gefühlsmäßig abrüsten! Islamisten wollen uns daran hindern, über den Islam zu streiten, in: Die Zeit 5.11.2020, 60

Adorno, Theodor, Minima Moralia. Reflexionen aus dem beschädigten Leben, Frankfurt 2016 (29. Aufl.)

Albright, Madeleine, Fascism. A Warning, London 2018

Alexander, Robin, Machtverfall. Merkels Ende und das Drama der deutschen Politik, München 2021

Arendt, Hannah, Elemente und Ursprünge totaler Herrschaft. Antisemitismus, Imperialismus und totale Herrschaft, München 2020 (22. Aufl.)

Austermann, Philipp, Der Weimarer Reichstag. Die schleichende Ausschaltung, Entmachtung und Zerstörung eines Parlaments, Köln 2020

Badke-Schaub, Petra u. a., Human Factors. Psychologie sicheren Handelns in Risikobranchen, Heidelberg 2008

Bailenson, Jeremy N. et al., Interpersonal Distance in Immersive Virtual Environments, in: Personality and Social Psychology Bulletin Vol. 29 No. X 2003, 1–15

Balser, Markus u. a., Störsender. Zum Missbrauch der Bundespressekonferenz, in: Süddeutsche Zeitung 19.2.2021, 3

Barišić, Marija/Korsche Johannes, Aminata Touré über Macht. Interview, in: Süddeutsche Zeitung 15./16.5.2021, 56

Bavendiek, Annika, Berghain-Türsteher Sven Marquardt verrät, wie man in den Club kommt, in: www.extratipp.com 16.9.2019, https://www.extratipp.com/fanbase/berlin-berghain-tuersteher-sven-marquardt-verraet-wie-man-in-club-kommt-zr-10554113.html, zuletzt aufgerufen am 9.4.2021

Berbner, Bastian, Mit euch kann man doch eh nicht reden. Konstruktives Streiten mit Verschwörungstheoretikern, in: Süddeutsche Zeitung, 20.9.2018, 13

Bittner, Jochen, Dein Mitbürger, der Unterdrücker. Eine neue Ideologie breitet sich aus, in: Die Zeit 11.3.2021, 11

Boal, Augusto, Theater der Unterdrückten, Übungen und Spiele für Schauspieler und Nicht-Schauspieler, Frankfurt a. M. 1989

Borchardt, Alexandra, Wenn der Chef stichelt, in: www.sueddeutsche.de 19.4.2017, https://www.sueddeutsche.de/wirtschaft/fuehrungskultur-hier-muss-mal-einer-durchgreifen-1.3469296, zuletzt aufgerufen am 1.7.2021

Borufka, Sarah, Abfuhr am Kult-Club, in: www.bz-berlin.de 24.1.2020, https://www.bz-berlin.de/klassiker/scheitern-am-tuersteher-vom-berghain-rein-kommen, zuletzt aufgerufen am 7.4.2021

Brössler, Daniel, Einer schaltet ab. G-20-Gipfel als Videokonferenz, in: Süddeutsche Zeitung 23.11.2020, 6

Brooks, David, This is how Wokeness ends, 13.5.2021, in: https://www.nytimes.com/2021/05/13/opinion/this-is-how-wokeness-ends.html, zuletzt aufgerufen am 17.5.2021

Bund, Kerstin, »Asoziale sind am produktivsten«. Interview mit Norbert Bolz, in: Süddeutsche Zeitung 27.12.2018, 30

Busse, Caspar/Hagelüken, Alexander, Nie mehr rumschreien, in: www.sueddeutsche.de 16.10.2015, https://www.sueddeutsche.de/wirtschaft/abgasskandal-und-die-folgen-nie-mehr-rumschreien-1.2693522-2, zuletzt aufgerufen am 1.7.2021

Butterwegge, Christoph u. a., Rechtspopulisten im Parlament. Polemik, Agitation und Propaganda der AfD, Frankfurt a. M. 2018

Chang, Emily, Brotopia. Breaking up the Boy's Club of Silicon Valley, New York 2018

Clévenot, Michel, Von Jerusalem nach Rom, Freiburg/CH 1987

Cohn, Ruth C., Zur Grundlage des themenzentrierten interaktionellen Systems, in: Von der Psychoanalyse zur themenzentrierten Interaktion. Von der Behandlung einzelner zu einer Pädagogik für alle, Stuttgart 2018 (19. Aufl.), 120–128

Cooper, Sarah, How to be successful without hurting men's feelings. Non-threatening leadership strategies for women, London 2018

Dies., 100 tricks to appear smart in meetings. How to get by without even trying, London 2016

Coser, Lewis A., Gierige Institutionen. Soziologische Studien über totales Engagement, Berlin 2015

Cwiertnia, Laura, »Wie in einem Theaterstück«. Interview mit Brian Robertson, in: Die Zeit 16.5.2019, 24

Dausend, Peter/Knaup, Horand, »Alleiner kannst du gar nicht sein«. Unsere Volksvertreter zwischen Macht, Sucht und Angst, München 2020

Deckstein, Dagmar, Raubbau an Ressourcen. Wie Unternehmen Arbeitskraft und Arbeitszeit verschwenden, in: Süddeutsche Zeitung 26.9.2005, www.sz.de/1.497644, zuletzt aufgerufen am 12.1.2021

Denk, David/Kammertöns, Bruno, »Ich bin eine reisende Seele«. Gespräch mit Hubertus Meyer-Burckhardt, Die Zeit 6.5.2021, 30

Detering, Was heißt hier »wir«? Zur Rhetorik der parlamentarischen Rechten, Ditzingen 2019 (5. Aufl.)

Deutscher Bundestag, Geschäftsordnung des Deutschen Bundestages in der Fassung der Bekanntmachung vom 2. Juli 1980 (BGBl. I S. 1237) zuletzt geändert laut Bekanntmachung vom 25. März 2021 (BGBl. I S. 734), https://www.bundestag.de/parlament/aufgaben/rechtsgrundlagen/go_btg/go_btg-197104, zuletzt aufgerufen am 17.4. 2021

Doodle, The Doodle State of Meetings Report 2019, www.doodle.com

DPA-Newskanal, Aufsichtsrat Weil: VW-Kritikkultur ist unterentwickelt, in: www.sueddeutsche.de 29.10.2015, https://www.sueddeutsche.de/wirtschaft/auto-aufsichtsrat-weil-vw-kritikkultur-ist-unterentwickelt-dpa.urn-newsml-dpa-com-20090101-151029-99-05493, zuletzt aufgerufen am 1.7.2021

Eckstein, Jutta, Das Allroundprogramm. Unternehmensweite Agilität erreichen, in: managerSeminare Dez 2020 (273), 32–41

Eco, Umberto, Der ewige Faschismus, München 2020 (5. Aufl.)

Eichinger, Katja, Mode und andere Neurosen, Berlin 2020 (3. Aufl.)

Eilers, Frank, Arbeiten in zwei Welten, in: Harvard Business Manager, 12/2020, 30–33

Emcke, Carolin, Travestie. Talkshows tragen zur Polarisierung der Gesellschaft bei, in: Süddeutsche Zeitung 5.7.2019, 5

Dies., Falsche Propheten. Das reflexhafte Beschönigen faschistischer Demagogie, in: Süddeutsche Zeitung, 16./17.1.2021, 5

Endler, Rebekka, Das Patriarchat der Dinge. Warum die Welt Frauen nicht passt, Köln 2021

Eppler, Erhard, Kavalleriepferde beim Hornsignal. Die Krise der Politik im Spiegel der Sprache, Frankfurt a. M. 2015 (9. Aufl.)

Esslinger, Detlef/Henzler, Claudia, »Wir sind wehrhaft«. Interview mit Muhterem Aras, in: Süddeutsche Zeitung 10.8.2020, 5

Esslinger, Detlef, Die Kunst des Streitens. Ein Plädoyer für die gute Form, in: Süddeutsche Zeitung 14./15.11.2020, 51

Farrelly, Frank/Brandsma, Jeff, Provokative Therapy, Capitola 1974

Feldenkirchen, Markus, Unterlassene Hilfeleistung. Zum Führungsstil Angela Merkels in der Pandemie, in: Der Spiegel 6/2021, 36–37

Fessler, Leah, Workplace Harassment in the Age of Remote Work, www.nytimes.com 8.6.2021, in: https://www.nytimes.com/2021/06/08/us/workplace-harassment-remote-work.html?searchResultPosition=2, zuletzt aufgerufen am 2.7.2021

Foucault, Michel, Analytik der Macht, hrsg. von Daniel Defert u. a., Frankfurt a. M. 2017 (7. Aufl.)

Fourest, Caroline, Génération offensée. De la police de la culture à la police de la pensée, Paris 2020

Fromm, Thomas, Mann gegen Mann, Ego gegen Ego, in: www.sueddeutsche.de 20.4.2015, https://www.sueddeutsche.de/wirtschaft/autoindustrie-kampf-der-kulturen-1.2441767, zuletzt aufgerufen am 1.7.2021

Ders., u. a., Chefsache. BMW sucht neuen Vorstandsvorsitzenden, in: Süddeutsche Zeitung 17.7.2019, 3

Ders., u. a., Der überforderte Konzern. Die Ermittler kommen nur langsam voran, in: Süddeutsche Zeitung 31.10.2015, www.sz.de/1.2715739, zuletzt aufgerufen am 21.1.2021

Gasteiger, Carolin/Mayer, Verena, Öl und Feuer. Interview mit Bari Weiss, in: Süddeutsche Zeitung 18.3.2021, 15

Geier, Manfred, Verflixte Farbenlehre. War Kant ein Rassist?, in: Süddeutsche Zeitung 23.2.2021, 12

Glasser, Susan B., Briefe aus Trumps Washington, Berlin 2020

Gloger, Katja/Mascolo, Georg, Pandemie versus Politik. Protokolle aus der Ministerpräsidentenkonferenz, in: Die Zeit 11.3.2021, 8–9

Gorman, Amanda, The Hill We Climb – Den Hügel hinauf. Zweisprachige Ausgabe, Hamburg 2021

Gümüşay, Kübra, Sprache und Sein, München 2020 (13. Aufl.)

Gupta, Alisha Haridasani, Zoom Burnout Is Real, and It's Worse for Women, in: www.nytimes.com 13.4.2021, https://www.nytimes.com/2021/04/13/us/zoom-fatigue-burn-out-gender.html?searchResultPosition=19, zuletzt aufgerufen am 2.7.2021

Dies., It's Not Just You: In Online Meetings, Many Women Can't Get a Word In, in: www.nytimes.com 14.4.2020, https://www.nytimes.com/2020/04/14/us/zoom-meetings-gender.html, zuletzt aufgerufen am 2.7.2021

Grimm, Jacob; Grimm, Wilhelm, Artikel »Polizei/Policei« in: Deutsches Wörterbuch von Jacob Grimm und Wilhelm Grimm, digitalisierte Fassung im Wörterbuchnetz des Trier Center for Digital Humanities, Version 01/21, Bd. 13, Sp. 1981 https://www.woerterbuchnetz.de/DWB, zuletzt aufgerufen am 19.4.2021

Grynbaum, Michael M., Chris Wallace Calls Debate ›a Terrible Missed Opportunity‹, in: www.nytimes.com, published Sept. 30, 2020 updated Nov. 7, 2020, in: https://www.nytimes.com/2020/09/30/business/media/chris-wallace-debate-moderator.html?searchResultPosition=5, zuletzt aufgerufen am 6.1.2021

Ders., Chris Wallace Struggled to Rein in an Unruly Trump at First Debate, in: www.nytimes.com 29.9.2020, https://www.nytimes.com/2020/09/29/business/media/chris-wallace-debate.html, zuletzt aufgerufen am 6.1.2021

Ders., NBC's Kristen Welker Manages to Keep Order at Final Debate, in: www.nytimes.com 22.10.2020, https://www.nytimes.com/2020/10/22/business/media/kristen-welker-debate.html?searchResultPosition=3, zuletzt aufgerufen am 6.1.2021

Habeck, Robert, Von hier an anders. Eine politische Skizze, Köln 2021

Haberl, Tobias, Zwischen allen Fronten, in: Süddeutsche Zeitung Magazin 6.8.2021, 17–19

Hägler, Max, In diesem Klima konnte der Diesel-Skandal seinen Lauf nehmen, in: www.sueddeutsche.de 27.8.2019, https://www.sueddeutsche.de/wirtschaft/piech-winterkorn-unternehmens kultur-diesel-skandal-1.4577723, zuletzt aufgerufen am 1.7.2021

Hall, Edward T., The Hidden Dimension, Garden City N. Y. 1966

Ders., The Silent Language, New York 1973

Heidemann, Rudolf, Körpersprache im Unterricht. Ein Ratgeber für Lehrende, Wiebelsheim 2007 (8. Aufl.)

Herbert, Frank, Dune, New York 1965

Herrmann, Martina, Moral und Moralismus im öffentlichen Raum (oder: Ruhe im Ruhewagen), in: Neuhäuser, Christian/Seidel, Christian (Hgg.), Kritik des Moralismus, Berlin 2020, 448–469

Herrmann, Sebastian, Gute Mitläufer, böse Mitläufer. Weshalb konformes Verhalten sehr ambivalent bewertet wird, in: Süddeutsche Zeitung 18.11.2020, 14

Ders., Der Wert des Einzelnen. Warum große Gruppen die Kreativität ersticken, in: Süddeutsche Zeitung 18.2.2019, 16

Ders., Alle denken so, oder? Wieso selbst billige Propaganda eine Wirkung entfaltet, in: Süddeutsche Zeitung 12.2.2021, 13

Hobbes, Thomas, Leviathan, Wroclaw o. J.

Höfner, E. Noni, Glauben Sie ja nicht, wer Sie sind! Grundlagen und Fallbeispiele des Provokativen Stils, Heidelberg 2012 (2. Aufl.)

Hoffmeier, Miriam, Sprint im Stehen. Agile Methoden beim Bosch-Konzern, in: Süddeutsche Zeitung 11./12.5.2019, 65

Huizinga, Johan, Homo ludens. Vom Ursprung der Kultur im Spiel, Hamburg 2019 (26. Aufl.)

Johnstone, Keith, Improvisation und Theater. Die Kunst, spontan und kreativ zu agieren, Berlin 2002 (6. Aufl.)

Jumpertz, Sylvia, Demokratie auf neuem Level. Systemwechsel bei Haufe-umantis, In: ManagerSeminare 273/2020, 24–31

Juul, Jesper, Nein aus Liebe, Weinheim/Basel 2020 (7. Aufl.)

Kabat-Zinn, Jon, Wherever You Go, There You Are. Mindfulness Meditation for Everyday Life, New York 1994

Käppner Joachim/Salavati, Nakissa, »Mein Job ist: die Geiseln zurückzubekommen.« Interview mit Oliver Schneider, in: Süddeutsche Zeitung 14.5.2021, 19

Kant, Immanuel, Beantwortung der Frage: Was ist Aufklärung?, Saillon 2017

Khorchide, Mouhanad, Und wer schützt uns? Kritik am Islamismus, in: Die Zeit 29.10.2020, 66

Kühl, Stefan, Die Schauseite von Veränderungsprojekten. Ein Lehrstück über die Kreation von Erfolgsfiktionen, in: OrganisationsEntwicklung 1/2021, 6–11

Künast, Renate, Hass ist keine Meinung. Was die Wut in unserem Land anrichtet, München 2017

Kleist, Heinrich von, »Lehrbuch der französischen Journalistik«, in: Ders., Sämtliche Werke und Briefe, Hrsg. von Helmut Sembdner, München 1993 (9. Aufl.)

Klemperer, Victor, LTI. Notizbuch eines Philologen, Stuttgart 2018

Klute, Hilmar, Auf die Fresse, Herzblatt. Überall sollen Menschen achtsam kommunizieren; muss das sein?, in: Süddeutsche Zeitung 9.7.2021, 11

Kohlmeier, Matthias, Mit der Einstellung von Arjen Robben. Interview mit Gunter Dueck, in: www.sueddeutsche.de 25.2.2015

Koike, Yuriko, Buddhas dunkle Seiten. Religiöser Chauvinismus in Südostasien, in: Süddeutsche Zeitung 20.8.2015, 2

Kornelius, Stefan, »Immer Ärger mit den Jungs. Wie die Kanzlerin sich Respekt verschafft«, in: Süddeutsche Zeitung 1./2.12.2018, 14

Koschmieder, Carsten, Partizipation in der Piratenpartei. Die Schattenseiten einer sonnigen Utopie, Opladen, Berlin, Toronto 2016

Kreienbrink, Matthias, Alles muss raus. Community Manager moderieren, in: Süddeutsche Zeitung 20./21.2.2021, 67

Ders., Planen und Reden. Interview mit Tim Hagemann, in: Süddeutsche Zeitung 6.11.2020, 14

Landtag von Baden-Württemberg, 65. Sitzung vom 14. Juni 2018; https://www.landtag-bw.de/files/live/sites/LTBW/files/dokumente/WP16/Plp/16_0065_14062018.pdf, (Sitzungsprotokoll, S. 3859)

Landtag Mecklenburg-Vorpommern, 3. Sitzung am 7. Dezember 2016, Wortentzug für AfD-Abgeordneten, https://www.landtag-mv.de/fileadmin/media/Dokumente/Parlamentsdokumente/Plenarprotokolle/7_Wahlperiode/PlPr07-0003.pdf (S. 67)

Laudenbach, Peter, Warum sachlich, wenn es auch persönlich geht. Interview mit Stefan Kühl, in: brand eins 04/2019, 56–59

Lauer, Christoph, »Echt guter Auftritt«. Talkshows vergiften den Diskurs, in: Die Zeit 21.6.2018, 9

Locke, John, Two Treatises of Government and A Letter Concerning Toleration, Wroclaw 2014

Löwenthal, Leo, Falsche Propheten. Studien zum Autoritarismus, in: Gesammelte Schriften Band 3, Frankfurt a. M. 1982 (1. Aufl. 1990)

Lorenzo, Giovanni di, Wofür stehen wir? Die Freiheit der Medien ist bedroht, in: Die Zeit 25.2.2021, 1

Lotter, Wolf, Distanzkontrolle. Über Nähe und Distanz und ihr richtiges Maß, in: brand eins 12/2018, 48–54

Luhmann, Niklas, Der neue Chef, Berlin 2016

Ders., Macht, Konstanz/München 2012 (4. Aufl.)

Marcuse, Herbert, Repressive Toleranz, in: Wolff, Robert Paul u. a., Kritik der reinen Toleranz, Frankfurt 1967 (3. Aufl.)

Marcuse, Ludwig, Argumente und Rezepte. Ein Wörterbuch für Zeitgenossen, Zürich 1973

Ders., Achtung, heilige Gefühle!, in: Ders., Wie alt kann Aktuelles sein? Literarische Porträts und Kritiken, hgg. von Lamping, Dieter, Zürich 1980

Ders. Essays, Porträts, Polemiken aus vier Jahrzehnten. Hgg. von Harold von Hofe, Zürich 1988

Ders., Obszön. Geschichte einer Entrüstung, Zürich 1984

Marquardt, Sven, Berghain-Türsteher Sven Marquardt – »Das hat gar nichts mit Macht zu tun«, in: www.deutschlandfunkkultur.de 21.1.2020, https://www.deutschlandfunkkultur.de/berghain-tuersteher-sven-marquardt-das-hat-gar-nichts-mit.970.de.html?dram:article_id=468429, zuletzt aufgerufen am 7.4.2021

Mascolo, Georg/Ott, Klaus, VW: Ein Kronzeuge packt aus, www.sueddeutsche.de 22.1.2016, in: https://www.sueddeutsche.de/wirtschaft/volkswagen-ein-kronzeuge-packt-aus-1.2829840, zuletzt aufgerufen am 1.7.2021

Mayr, Anna, Damenopfer. Warum das Machtspiel Politik nach 15 Jahren Angela Merkel immer noch eine Sache der Männer ist, in: Die Zeit 7.1.2021, 13ff

Malorny, Christian/Langner, Marc A., Moderationstechniken. Werkzeuge für die Teamarbeit, München – Wien 2002 (2. Aufl.)

Modler, Peter, Das Arroganz-Prinzip. So haben Frauen mehr Erfolg im Beruf, Überarbeitete Neuauflage, Frankfurt a. M. 2020

Ders., Die freundliche Feindin. Weibliche Machtstrategien im Beruf, München/Berlin 2017

Ders., Die Königs-Strategie. So meistern Männer berufliche Krisen, Frankfurt a. M. 2012

Ders., Die Manipulationsfalle, Frankfurt a. M. 2014

Ders., Mit Ignoranten sprechen. Wer nur argumentiert, verliert, Frankfurt a. M./New York, 2019

Ders., »Die Sprache der Anderen. Erfahrungen aus den ›Arroganz-Trainings® für leitende Frauen‹«, in: OrganisationsEntwicklung, 4/2014, 11–15

Ders., Machtkämpfe im Home-Office, in: XING klartext 21.4.2020

Ders., Wie authentisch müssen wir im Job sein?, in: XING klartext 22.4.2019

Moorstedt, Michael, Dreh den Hund auf. Über die Software Zoom Escaper, in: Süddeutsche Zeitung 22.3.2021, 9

Moreno, Jacob Levy, Psychodrama und Soziometrie. Essentielle Schriften (Jonathan Fox Hg.), Köln 2001 (2. Aufl.)

Müller, Torben, Moderieren statt diktieren. Porträt der Insolvenzverwalterin Susanne Berner, in: brand eins 1/2021, 86–89

Muster, Judith, u. a., Ungeordnete Verhältnisse. Regelbruch in Organisationen, in: brand eins 7/2021, 59–61

Neurath, Wolfgang, Regierungsmentalität und Policey. Technologien der Glückseligekit im Zeitalter der Vernunft, in: Österreichische Zeitschrift für Geschichtswissenschaft 4/2000, 11–33

Nitobe, Inazo, Bushido. Der Ehrenkodex der Samurai, Köln 2006

Pfaller, Robert, Die blitzenden Waffen. Über die Macht der Form, Frankfurt a. M. 2020

Pfahl-Traughber, Armin, Gefährliche Nähe, Linke Identitätspolitik und rechtes Denken, in: Die Zeit 18.3.2021, 47

Pine, Emilie, Notes to Self, Dublin 2018

Platon, Apologie des Sokrates, übers. v. Rafael Ferber, München 2011

Plessner, Helmuth, Grenzen der Gemeinschaft. Eine Kritik des sozialen Radikalismus, Frankfurt a. M., 2015 (5. Aufl.)

Popper, Karl R., Die offene Gesellschaft und ihre Feinde I. Der Zauber Platons, München 1977 (5. Aufl.)

Ders., Die offene Gesellschaft und ihre Feinde II. Hegel, Marx und die Folgen, Tübingen 19 80 (6. Aufl.)

Proudfoot-Team, How to conduct successful and effective online meeting, in: www.proudfoot.com 10.4.2020, https://proudfoot.com/meeting-successfully/, zuletzt aufgerufen am 27.1.2021

Prussky, Christine, Alle Macht für niemand. Zu Besuch bei einem Berliner Start-up, in: Süddeutsche Zeitung 7./.8.10.2017, 61

Przeworski, Adam, Krisen der Demokratie, Berlin 2020

Reemtsma, Jan Philipp, Vertrauen und Gewalt. Versuch über eine besondere Konstellation der Moderne, Hamburg 2009

Richter, Peter, Tal der Ahnungsvollen. Interview mit Fred Turner, in: Süddeutsche Zeitung 9.3.2017, 9

Rosenberg, Marshall B., Gewaltfreie Kommunikation. Eine Sprache des Lebens, Paderborn 2010

Roedder, Andreas, Die neue Systemfrage. Zu ›cancel culture‹ und Moderation, in: Der Spiegel 52, 19.12.2020, 136f

Roehl, Heiko, Das ABC der Fakeness. Ein Glossar des schönen Scheins, in: OrganisationsEntwicklung 1/2021, 13–16

Ders., Sie wollen Jubel. Ein Gespräch mit Michael Sommer, in: OrganisationsEntwicklung 1/2021, 17–20

Rozovsky, Julia, The five keys to a successful Google team, in: www.rework.withgoogle.com 17.11.2015, https://rework.withgoogle.com/blog/five-keys-to-a-successful-google-team/, zuletzt aufgerufen am 16.4.2021

Sapin, Mathieu, Comédie Française. Voyages dans l'antichambre du Pouvoir, Paris 2020

Scheytt, Stefan, Wie entscheiden Helden? Porträt von Bernhard Denne, in: brand eins 04/2021, 96–99

Schermuly, Carsten, Wann New Work funktioniert und wann nicht, in: Harvard Business Manager, 12/2020, 22–29

Schmalenbach, Merle, Opfer der Leidenschaft. Liebe zum Beruf und Ausbeutung, in: Die Zeit 3.1.2019, 59

Schmidbauer, Jan, Viele Folien und ›eine Bombe‹. Zum Audi-Strafprozess, in: Süddeutsche Zeitung 12.11.2020, 18

Ders., Raus aus der Rüstung. Outfit in Video-Meetings, in: Süddeutsche Zeitung 21./22.11.2020, 26

Schmidt, Thomas, Macht und Struktur im Theater. Asymmetrien der Macht, Wiesbaden 2019

Schulte, Volker (Hg.) u. a., Achtsame Führung. Schlüsselelemente für das Management im 21. Jahrhundert, Stuttgart 2021

Schulte von Drach, Markus C., »Begrifflichkeiten mit Tabus belegt«. Interview mit Günther Schlee, in: Süddeutsche Zeitung 16.3. 2021, 15

Schulz von Thun, Friedemann, Miteinander reden. Störungen und Klärungen, Reinbek 2020 (57. Aufl.)

Sennett, Richard, Verfall und Ende des öffentlichen Lebens. Die Tyrannei der Initimität, Berlin 2008

Séville, Astrid, Der Sound der Macht. Eine Kritik der dissonanten Herrschaft, München 2018

Shafak, Eli, How to Stay Sane in an Age of Division, London 2020

Siedenberg, Sven, Chef per Stimmzettel. Wieviel Demokratie verträgt ein Unternehmen?, in: Süddeutsche Zeitung 26.10.2017, 32

Simon, Jana, Der Vertrauensmann. Porträt des Sozialpädagogen Thomas Mücke, in: ZEIT-Magazin 21.1.2021, 18–27

Snyder, Timothy, The American Abyss. A historian of fascism and political atrocity on Trump, the mob and what comes next, in: New York Times online, 9.1.2021, https://www.nytimes.com/2021/01/09/magazine/trump-coup.html?auth=login-email&login=email, zuletzt aufgerufen am 11.1.2021

Staas, Christian, Im Glashaus. Wie das Grundgesetz erstritten wurde, in: Die Zeit 9.5.2019, 20–21

Stegemann, Bernd, »Achtung, echte Menschen! Das Theater huldigt dem Authentischen«, in: Süddeutsche Zeitung 3.1.2017, 9

Tannen, Deborah, Talking from nine to five. Women and Men at Work, New York 1994

Dies., That's not what I meant!, How conversational style makes or breaks your relations with others, London 2010

Dies., »The Power of Talk: Who Gets Heard and Why«, in: Harvard Business Review Sept/Oct 1995, 138–148

The North Alliance/NOA Agency 2017, TV2 All that we share, in: https://www.thenorthalliance.com/our-work/all-that-we-share/, zuletzt aufgerufen am 13.4.2020

Thonet, Claudia, Das Ende des Einheitsmodells. Agile Meetingkultur, in: managerSeminare 275 (Februar 2021), 68–75

Tonspion (Redaktion), Berghain Berlin: Wie man garantiert in den berühmtesten Club der Welt kommt, in: www.tonspion.de, 14. September 2020, https://www.tonspion.de/news/10-tipps-wie-man-garantiert-nicht-ins-berliner-berghain-kommt, zuletzt aufgerufen am 7.4.2021

Tulshyan, Ruchika, Why is it so hard to speak up at work?, www.nytimes.com 15.3.2021, in: https://www.nytimes.com/2021/03/15/us/workplace-psychological-safety.html?searchResultPosition=1, zuletzt aufgerufen am 16.4.2021

Valentin, Laura, Sollten wir uns an Normen halten? Manche Regeln akzeptieren, andere nicht, in: Die Zeit 12.5.2021, 51

Victoria, Brian, Zen, Nationalismus und Krieg. Eine unheimliche Allianz, Stuttgart 1999

Von Euw, Stéphanie, Dans les entrailles du pouvoir. La face cachée des cabinets ministériels, Paris 2014

Von Knigge, Adolph Freiherr, Über den Umgang mit Menschen, Frankfurt a. M. 2008

Wagenknecht, Sahra, Die Selbstgerechten. Mein Gegenprogramm – für Gemeinsinn und Zusammenhalt, Frankfurt a. M. 2021

Wagner, Lorenz, Nach ihrer Pfeife. Zur ersten Saison von Bibiana Sternhaus in der ersten Bundesliga der Männer, in: SZ-Magazin 21/2017, https://sz-magazin.sueddeutsche.de/sport/nach-ihrer-pfeife-87015, zuletzt aufgerufen am 15.2.2021

Weber-Guskar, Eva, Der Online-Kommentar: Moralismus in digitalen Massenmedien, in: Neuhäuser, Christian/Seidel, Christian (Hgg.), Kritik des Moralismus, Berlin 2020, 422–447

Weigend, David, Cobras im Coronaschlaf: ›Wann wachen wir wieder auf?‹, in: www.badische-zeitung.de 21.3.2021, https://www.badische-zeitung.de/cobras-im-coronaschlaf-wann-wachen-wir-wieder-auf—200709882.html, zuletzt aufgerufen am 7.4.2021

Wiegel, Michaela, Reden darf, wer die richtige Identität hat. Meinungsfreiheit an den französischen Universitäten, in: Frankfurter Allgemeine Sonntagszeitung 21.3.2021, 6

Wilke, Felicitas, Chefsessel für alle. Beschäftigte wählen ihre Vorgesetzten, in: Süddeutsche Zeitung 17.9.2020, 16

Willemsen, Roger, Das Hohe Haus. Ein Jahr im Parlament, Frankfurt 2016 (6. Aufl.)

Wolschner, Klaus, Aufklärungs-Polizey gegen den Aberglauben und für das Glück des Staates, in: Texte zur Geschichte und Theorie von Medien und Gesellschaft 21/2015, http://www.medien-gesellschaft.de/html/aufklarungs-polizey.html, zuletzt aufgerufen am 16.4.2021

Yamamoto, Tsunetomo, Hagakure. Der Weg des Samurai, München 2000 (2. Aufl.)

Zips, Die Ritter der Schwafelrunde. Alte Machtgesten funktionieren in Videokonferenzen nicht mehr, in: Süddeutsche Zeitung 8.7.2020, 8

## Videos

»13 FRAGEN« vom 12.1.2021, Ist Cancel Culture eine Gefahr für die Meinungsfreiheit?, ZDF, https://www.youtube.com/watch?v=YjeTikJuVHA, zuletzt aufgerufen am 24.6.2021

»13 FRAGEN« vom 13.10.2020, Tiere töten: Dürfen wir noch Fleisch essen?, ZDF, https://www.youtube.com/watch?v=2ZgCmu9uXpY, zuletzt aufgerufen am 24.6.2021

»13 FRAGEN« vom 14.4.2021, Sollten Schwangerschaftsabbrüche legalisiert werden?, ZDF, https://www.youtube.com/watch?v=qUm5zuPcu2U, zuletzt aufgerufen am 24.6.2021

»13 FRAGEN« vom 17.11.2020, Gefängnisse abschaffen – Wie bestrafen wir Verbrecher?, ZDF, https://www.youtube.com/watch?v=dXNFrNu35g0, zuletzt aufgerufen am 24.6.2021

»Anne Will« vom 09.02.2020, Wahl-Eklat in Thüringen – welche Konsequenzen hat der Tabubruch? (ARD), Dach Medien, https://www.youtube.com/watch?v=dF0pQFIrffk, zuletzt aufgerufen am 23.6.2021

»Anne Will« vom 14.02.2021, Lockdown statt Perspektive – deutsche Pandemiepolitik alternativlos? (ARD), Dach Medien, https://www.youtube.com/watch?v=WWgknTeW4sU, zuletzt aufgerufen am 23.6.2021

»Anne Will« vom 25.04.2021, Bundes-Notbremse in Kraft: Durchbruch oder Tiefpunkt? (ARD), Dach Medien, https://www.youtube.com/watch?v=y-_4AjLqyow, zuletzt aufgerufen am 23.6.2021

»Anne Will« vom 30.05.2021, Das Impfversprechen: Wo steht Deutschland im zweiten Pandemie-Sommer? (ARD), Dach Medien, https://www.youtube.com/watch?v=1cAjJx6mlRc, zuletzt aufgerufen am 23.6.2021

Bill Hemmer Reports (Fox News), Chris Wallace hits back at criticism of his debate moderation, https://www.youtube.com/watch?v=17ChunWvOvs, zuletzt aufgerufen am 6.1.2021

Cantet, Laurent, Die Klasse, München 2009

Deutsches Institut für Provokative Therapie, Frank Farrelly – Die Provokative Therapie. Grundlagen, Grundhaltung, Grundstruktur, München 2005

DFME Deutsches Fachzentrum für Achtsamkeit, Jon Kabat-Zinn über Achtsamkeit, ohne Datum, https://dfme-achtsamkeit.de/jon-kabat-zinn-achtsamkeit-video, zuletzt aufgerufen am 12.4.2020

Dietl, David, Berlin Bouncer. Dokumentarfilm über Sven Marquardt, Frank Künster und Smiley Baldwin, Berlin 2019

Ellen Langer. Mindfulness and leadership, Schwartz Media, 03.05.2013, https://www.youtube.com/watch?v=WBsDUuXlRYc, zuletzt aufgerufen am 12.4.2020

Ellen Langer. Mindfulness over matter, poptech, 05.11.2013, https://www.youtube.com/watch?v=4XQUJR4uIGM, zuletzt aufgerufen am 12.4.2020

Großpietsch, Timo, Lehrer im Vorbereitungsdienst, NDR-Dokumentation, 16.11.2016, https://www.youtube.com/watch?v=GIHYmRl5IR8

»Hart aber fair« vom 07.06.2021, Die Union kann noch gewinnen: Was heißt das für den Herbst? (ARD), Dach Medien, https://www.youtube.com/watch?v=_itVYI4Sims, zuletzt aufgerufen am 24.6.2021

»Hart aber fair« vom 11.01.2021, Länger, einfallsloser: Wie sinnvoll ist der Dauerlockdown? (ARD), Dach Medien, https://www.youtube.com/watch?v=fK_7YLI3q6E, zuletzt aufgerufen am 24.6.2021

»Hart aber fair« vom 17.05.2021, Der Sommer wird gut: Gilt das schon für alle? (ARD), Dach Medien, https://www.youtube.com/watch?v=O2r6CIVH9xs, zuletzt aufgerufen am 24.6.2021

»Hart aber fair« vom 19.04.2021, Offener Kampf – Wie findet man die Besten fürs Kanzleramt? (ARD), Dach Medien, https://www.youtube.com/watch?v=Ov6hCUiQGdQ, zuletzt aufgerufen am 24.6.2021

Heidenheimer Zeitung, Elke Steinke ist die einzige aktive Schiedsrichterin im Landkreis Heidenheim, 13.06.2019, https://www.youtube.com/watch?app=desktop&v=0MP5-XN4li4, zuletzt aufgerufen am 14.2.2021

Interview mit Bibiana Steinhaus: »Kommunikation ist entscheidend«, in: das aktuelle sportstudio – ZDF, 20.08.2017, https://www.youtube.com/watch?v=BS-nQ6ioDt0, zuletzt aufgerufen am 14.2.2021

LSB Insights – Bibiana Steinhaus im Gespräch mit Hajo Schumacher, 02.12.2020, https://www.youtube.com/watch?app=desktop&v=lQ-AXmDChQI, zuletzt aufgerufen am 14.2.2021

»Markus Lanz« vom 10. April 2019, SPD vs. AfD! Heftiger Zank zwischen Kühnert und Reil bei Lanz, ZDF, https://www.youtube.com/watch?v=_vzzMaTt7aQ, zuletzt aufgerufen am 23.6.2021

»Markus Lanz« vom 10. März 2021, Lobo und Brinkhaus über Masken-Affären und Staatsversagen, ZDF, https://www.youtube.com/watch?v=nLDVTS90n9w, zuletzt aufgerufen am 23.6.2021

»Markus Lanz« vom 30. März 2021, Armin Laschet über seine CDU in der Krise, ZDF, https://www.youtube.com/watch?v=atD5vGJYnQ4, zuletzt aufgerufen am 23.6.2021

»Markus Lanz« vom 31. März 2021, Wolfgang Schäuble über seine CDU in der Pandemie, ZDF, https://www.youtube.com/watch?v=G47CurRcUEQ, zuletzt aufgerufen am 23.6.2021

»Maybrit Illner« vom 03.06.2021, Vertrauen verloren, Kurs gesucht – Wahlen ohne Merkel?, ZDF, https://www.youtube.com/watch?v=-lo7qFt9gsg, zuletzt aufgerufen am 23.6.2021

»Maybrit Illner« vom 10.06.2021, Wird die Corona-Politik besser?; ZDF, https://www.youtube.com/watch?v=rjl1L7qQYew, zuletzt aufgerufen am 23.6.2021

»Maybrit Illner« vom 20.05.2021, Alle wollen Klimaschutz – keiner will's bezahlen?, ZDF, https://www.youtube.com/watch?v=mNnMopqqBBc, zuletzt aufgerufen am 23.6.2021

»Maybrit Illner« vom 29.04.2021, Freiheit, Solidarität, Widerspruch – spaltet Corona das Land?; ZDF, https://www.youtube.com/watch?v=HZP6CiJSN0I, zuletzt aufgerufen am 23.6.2021

PBS NewsHour, Kennedy vs. Nixon: The fourth 1960 presidential debate 26.09.2020, https://www.youtube.com/watch?v=-9cdRpE4KKc, zuletzt aufgerufen am 7.1.2021

Podcast »Die Boss« mit Simone Menne, Folge 2: Bibiana Steinhaus, Fußball-Schiedsrichterin, 15.07.2020, https://www.youtube.com/watch?v=ZHxnprA9lXI, zuletzt aufgerufen am 14.2.2021

ReaganFoundation, 1980 Presidential Candidate Debate: Governor Ronald Reagan and President Jimmy Carter – 10/28/80, https://www.youtube.com/watch?v=_8YxFc_1b_0, zuletzt aufgerufen am 7.1.2021

Schmidt, Jakob, Zwischen den Stühlen. Ein Dokumentarfilm über das Lehrerwerden, Leipzig 2017

Shotokan Sensei, Karate Concepts: A Beginner's Mind 30.3.2011, https://www.youtube.com/watch?v=n19ySg7vwuY, zuletzt aufgerufen am 16.8.2021

The List, Here's How Chris Wallace Really Feels About The Debate, 01.10.2020, https://www.youtube.com/watch?v=ejmMgiGMfYo, zuletzt aufgerufen am 6.1.2021

The Tucker Foundation and Dartmouth Hitchcock Medical Center present Jon Kabat-Zinn, Jon Kabat-Zinn – »The Healing Power of Mindfulness«, 13.04.2011, https://www.youtube.com/watch?v=_If4a-gHg_I, zuletzt aufgerufen am 12.4.2020

TV 2 Danmark, All That We Share, 27.01.2017, https://www.youtube.com/watch?v=jD8tjhVO1Tc, zuletzt aufgerufen am 12.4.2020

USA TODAY, Susan Page, moderator of the 2020 VP Debate, talks about her role in her own words, 08.10.2020, https://www.youtube.com/watch?v=GCOes8dJfqs, zuletzt aufgerufen am 7.1.2021

Von Trier, Lars/Leth, Jørgen, The five obstructions. Lars von Trier stellt fünf Aufgaben – Jørgen Leth führt sie aus, DVD Arsenal Filmverleih 2005

Zeiglers wunderbare Welt des Fußballs, Heidi Wegner – Deutschlands älteste Schiedsrichterin (2014) | ZwWdF, 27.06.2019, https://www.youtube.com/watch?app=desktop&v=dkwKsiPAT5E, zuletzt aufgerufen am 14.2.2021

Zeiglers wunderbare Welt des Fußballs, Taffe Schiedsrichterin in Bochumer Kreisliga I ZwWdF, 25.11.2018, https://www.youtube.com/watch?app=desktop&v=ZMBayonLhN0, zuletzt aufgerufen am 14.2.2021

## Weitere Bücher von Peter Modler

*Mit Ignoranten sprechen. Wer nur argumentiert, verliert.* Campus Verlag, ISBN 978-3-593-51080-4

*Das Arroganz-Prinzip. So haben Frauen mehr Erfolg im Beruf.* Überarbeitete und erweiterte Neuausgabe. Fischer Taschenbuch, ISBN 978-3-596-70319-7

*Die Manipulationsfalle. Selbstbewusst im Beruf mit dem Arroganz-Training®* für Frauen. Fischer Taschenbuch, ISBN 978-3-596-19824-5

*Die Königsstrategie. So meistern Männer berufliche Krisen.* Krüger Verlag, ISBN 978-3-8105-1307-6

*Die freundliche Feindin. Weibliche Machtstrategien im Beruf.* Piper Verlag, ISBN 978-3-492-05830-8